Pâtisserie française sans gluten

밀가루 없이 맛있는
프랑스 디저트 수업

밀가루 없이 맛있는
프랑스 디저트 수업

2018년 2월 12일 1판 1쇄 인쇄
2018년 2월 19일 1판 1쇄 발행
지은이 오모리 유키코(Yukiko Omori)
옮긴이 강소정
발행인 최한숙
펴낸곳 BM 성안북스
주소 04032 서울시 마포구 양화로 127 첨단빌딩 5층(출판기획 R&D 센터)
　　　 10881 경기도 파주시 문발로 112 출판문화정보산업단지(제작 및 물류)
전화 02)3142-0036
　　　031)950-6386
팩스 031)950-6388
등록 1978. 9. 18 제406-1978-000001호
출판사 홈페이지 www.cyber.co.kr
이메일 문의 sunganbooks@naver.com
ISBN 978-89-7067-336-3 (13590)
정가 14,000원

이 책을 만든 사람들
책임 전희경
진행 이소정
디자인 앤미디어
홍보 박연주
마케팅 구본철, 차정욱, 나진호, 이동후, 강호묵
제작 김유석

■ 도서 A/S 안내

> 성안북스에서 발행하는 모든 도서는 저자와 출판사, 그리고 독자가 함께 만들어 나갑니다.
> 좋은 책을 펴내기 위해 많은 노력을 기울이고 있습니다. 혹시라도 내용상의 오류나 오탈자 등이
> 발견되면 "좋은 책은 나라의 보배"로서 우리 모두가 함께 만들어 간다는 마음으로 연락주시기
> 바랍니다. 수정 보완하여 더 나은 책이 되도록 최선을 다하겠습니다.
> 성안북스는 늘 독자 여러분들의 소중한 의견을 기다리고 있습니다. 좋은 의견을 보내주시는 분께는
> 성안당 쇼핑몰의 포인트(3,000포인트)를 적립해 드립니다.
>
> 잘못 만들어진 책이나 부록 등이 파손된 경우에는 교환해 드립니다.

Pâtisserie française sans gluten

밀가루 없이 맛있는
프랑스 디저트 수업

오모리 유키코 지음 · 강소정 옮김

성안북스

밀가루가 없어도 맛있는
프랑스 과자를 만들 수 있어요!

프랑스 과자 만드는 법을 전문적으로 배운 사람들은 그 맛을 제대로 내기 위해 되도록 프
랑스산 밀가루나 그와 비슷한 재료를 사용하려고 합니다. 저도 그랬습니다.

그러던 어느 날 깨달았습니다. 프랑스에서 만들지 않는 이상 그곳의 과자 맛과 똑같은 맛을
만들기는 어렵다는 것을요. 풍미가 좋고 고급스러운 프랑스 과자를 공부했고 만들었지만,
이를 우리식으로 풀어내어 소박하면서도 정감 있는 프랑스 과자를 만들어보고 싶었습니다.
그러한 과정을 통해 과자가 훨씬 더 맛있어진다면 좋지 않을까 하는 생각이 들었지요.

그래서 선택하게 된 것이 쌀가루입니다.
쌀가루는 실제로 사블레 같은 구움과자의 바삭바삭하고 훌륭한 식감을 만들어냅니다.

사실 저희 어머니의 친정은 쌀가게를 했습니다.
어릴 때 할아버지께서 벼를 찧어 쌀을 만드시던 향이 너무 좋아서
갓 나온 쌀겨를 휘저으며 놀던 생각이 나네요.
그런 환경에서 자라서인지 쌀가루를 떠올리게 된 것 같아요.

쌀에는 글루텐(밀에 함유된 단백질의 한 종류)이 들어 있지 않아서 소화도 잘 되고
밀가루를 먹은 후에 느껴지는 글루텐의 끈기가 없어서인지 위장의 상태도 편안합니다.

쌀가루 이외에도 콩가루, 옥수수 가루, 콩비지 가루 등
'글루텐 프리 가루'에도 주목하기 시작했더니 과자 만들기가 더 즐거워졌답니다.
프랑스 과자도 밀가루 없이 만들 수 있다는 걸 알게 됐지요.
'Yukiko 오리지널'은 프랑스 과자의 본질을 살려 만든 레시피입니다.
여러분도 꼭 그 맛과 식감, 그리고 글루텐 프리를 실천하면서 달라지는
몸 상태의 변화를 느낄 수 있다면 좋겠습니다.

sommaire

6 밀가루가 없어도 맛있는 프랑스 과자를 만들 수 있어요!

12 밀가루를 사용하지 않은 과자 만들기

14 이 책에서 자주 사용하는 재료

16 이 책에서 자주 사용하는 도구

18 프랑스 과자 용어 사전

과자를 만들기 전에

- 반죽을 펼 때 적당한 양의 덧가루(쌀가루·분량 외)를 뿌려보세요. 다만 가능한 한 적게 뿌려야 맛있는 과자가 완성됩니다.
- 냉장고에 넣어두었던 반죽은 꺼내서 실온에 가까운 온도가 된 다음에 오븐에 구우세요.
- 오븐의 온도, 굽는 시간은 기종에 따라 달라지니 기준을 조정해주세요. 이 책에서는 전기오븐을 사용합니다. 가스오븐을 사용할 경우에는 책에 쓰여 있는 온도보다 10~20℃ 낮게 설정해서 구워주세요.
- 기본적으로 오븐에서 꺼낸 과자는 열이 식은 다음에 틀이나 오븐 팬에서 꺼내고, 식힘망에 얹어 식혀주세요.

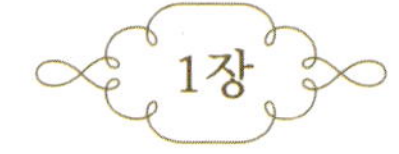

프랑스 전통 과자

22 ◆ 프랑스 전통 과자란?

24 ◆ 프랑스 전통 과자 이야기

26 마들렌 Madeleine

28 비지탕딘 Visitandine

30 에클레르 Éclair

34 카늘레 드 보르도 Cannelé de Bordeaux

36 폴카 Polka

40 루네트 Lunettes

42 비스퀴 드 사부아 Biscuit de Savoie

44 팽 드 젠 Pain de Gênes

프랑스 지방 과자

48 ◆ 프랑스 과자 기행

52 갈레트 브르통 Galette bretonne

54 사과 파르 브르통 Far Breton

56 로리케트 Loriquette

58 갸토 낭테 Gâteau nantais

60 다쿠아즈 Dacquoise

62 갸토 마이스 Gâteau maïs

64 르 크뢰수아 Le creusois

66 팽 데피스 Pain d'épices

68 크로캉 Croquants

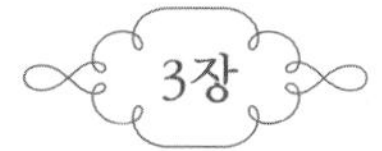

티타임 과자

72 ◈ 티타임 과자

----

76 몬테카오 Montecao
　　디아망 Diamants

77 호두와 초콜릿 쿠키 Cookies aux noix et au chocolat
　　마키베리 갈레트 Galette au Maquiberry

78 라 로즈 La Rose

80 헤이즐넛 프리앙 Friand aux noisettes

82 쉭세 Succès

84 비스퀴 드 샹파뉴 Biscuits de champagne

86 건포도 사블레 Sablés aux raisins

구테goûter 시간의 간식

90 ◈ 구테에 먹는 과자

----

92 체리 타르트 Tarte aux cerises

94 복숭아 타르트 Tarte aux pêches

96 파인애플 타르트 Tarte à l'ananas

100 무왈르 오 쇼콜라 Moëlleux au chocolat

102 제누아즈 아 라 콩피튀르 Génoise à la confiture

104 갸토 클래식 오 쇼콜라 Gâteau classique au chocolat

106 호두와 초콜릿 파운드 케이크 Grenoble

디저트 과자

110 ◈ 디저트 과자

----

112 타르트 타탕 Tarte Tatin

114 오렌지 케이크 Cake à l'orange

116 레몬 수플레 Soufflé aux citron

118 크렘 카탈랑 Crème catalane

120 레몬 타르트 Tarte aux citron

122 바커스 Bacchus

124 쌀로 만든 티라미수 Tiramisu au riz

[크림]

33 커스터드 크림

[반죽]

32 슈 반죽

38 브리제 반죽

98 쉬크레 반죽

〈일본어판 스태프〉

디자인 | 마루산카쿠
촬영 | 요시다 아쓰시
스타일링 | 오모리 유키코, 히라야마 사치코
조리 어시스턴트 | 무라타 유스케
기획 · 편집 | 히라야마 사치코

촬영 협력

· M'amour 마무르
도쿄 도 메구로 구 시모메구로 5-1-11
Tel & Fax 03-3716-1095
http://www.m-amour.com/
그릇 : p.3,20,26,27,54,55,59,60,62,63,64,72,78,79,94
클로스 : p.26,27,40,47,62,63
레이스 페이퍼 : p.22,29,70
· UTAWA

재료협력

· 나카자와 유업 주식회사 나카자와 푸드 주식회사
(버터, 생크림, 우유)
http://www.nakazawa.co.jp/
· 닛신제분 주식회사(쌀가루)
http://www.nisshin.com/

image sommaire

마들렌
Madeleine, p.26

비지탕딘
Visitandine, p.28

에클레르
Éclair, p.30

까늘레 드 보르도
Cannelé de Bordeaux, p.34

폴카
Polka, p.36

루네트
Lunettes, p.40

비스퀴 드 사부아
Biscuit de Savoie, p.42

팽 드 젠
Pain de Gênes, p.44

갈레트 브르통
Galette bretonne, p.52

사과 파르 브르통
Far Breton, p.54

로리케트
Loriquette, p.56

갸토 낭테
Gâteau nantais, p.58

다쿠아즈
Dacquoise, p.60

갸토 마이스
Gâteau nantais, p.62

르 크뢰수아
Le creusois, p.64

팽 데피스
Pain d'épices, p.66

크로캉
Croquants, p.68

몬테카오
Montecao, p.76

디아망
Diamants, p.76

호두와 초콜릿 쿠키
Cookies aux noix et au chocolat, p.77

마키베리 갈레트
Galette au Maquiberry, p.77

라 로즈
La Rose, p.78

헤이즐넛 프리앙
Friand aux noisettes, p.80

쉭세
Succès, p.82

비스퀴 드 샹파뉴
Biscuits de champagne, p.84

건포도 사블레
Sablés aux raisins, p.86

체리 타르트
Tarte aux cerises, p.92

복숭아 타르트
Tarte aux pêches, p.94

파인애플 타르트
Tarte à l'ananas, p.96

무왈르 오 쇼콜라
Moëlleux au chocolat, p.100

제누아즈 아 라 콩피튀르
Génoise à la confiture, p.102

갸토 클래식 오 쇼콜라
Gâteau classique au chocolat, p.104

호두와 초콜릿 파운드 케이크
Grenoble, p.106

타르트 타탕
Tarte Tatin, p.112

오렌지 케이크
Cake à l'orange, p.114

레몬 수플레
Soufflé aux citron, p.116

크렘 카탈랑
Crème catalane, p.118

레몬 타르트
Tarte aux citron, p.120

바커스
Bacchus, p.122

쌀로 만든 티라미수
Tiramisu au riz, p.124

밀가루를 사용하지 않은 과자 만들기

'프랑스 과자는 밀가루를 사용해서 만든다'는 게 너무나도 당연해서,
얼마 전까지만 해도 밀가루를 사용하지 않고 과자를 만든다는 건 생각할 수 없었어요.
지금부터 밀가루 없이 만드는 과자를 알려 드릴게요!

밀가루 대신 무엇을 사용하나요?

밀가루 대신 주성분이 되는 재료는 쌀가루입니다.
그 외에도 콩가루, 옥수수 가루, 콩비지 가루 등
글루텐이 없는 가루를 사용하고 있어요.

콩가루

옥수수 가루

콩비지 가루

왜 밀가루를 사용했던 건가요?

밀가루에는 '글리아딘'과 '글루테닌'이라는 두 종류의 단백질이 포함되어 있습니다. 물을 넣어 반죽하면 이 두 가지가 서로 엉켜 끈기와 탄력성이 있는 글루텐을 만들어냅니다. 이 글루텐의 힘으로 빵과 케이크에 기포가 들어가서 빵도 부풀고, 씹는 맛도 좋아졌던 것이지요.

쌀가루

어떤 과자라도 밀가루를
사용하지 않고 만들 수 있나요?

프랑스 과자 대부분은 밀가루 대신 쌀가루를 사용해서 만들 수 있습니다. 특히 갈레트 브르통처럼 바삭바삭하고 아작아작한 식감의 쿠키 종류와 쫄깃한 씹는 맛이 있는 파르 브르통 등에는 쌀가루가 최적입니다. 또 쉭세, 다쿠아즈처럼 머랭 거품의 힘을 살린 과자에도 잘 맞습니다. 단 글루텐의 힘이 필요한 파이 반죽에는 맞지 않습니다.

쌀가루로 만든
과자의 특징

쌀가루로 만들어도 겉보기나 향기에 차이는 없습니다. 쌀가루로 만든 과자라고 말해주지 않는 한 눈치채지 못할 걸요? 차이가 나는 건 식감입니다. 쿠키 종류는 바삭바삭하고 아작아작 한 식감이, 마들렌 같은 구움과자는 쫀득쫀득 씹는 맛이 극대화됩니다. 스펀지 반죽은 폭신하면서 소박한 식감으로 구워집니다. 또 어떤 과자든 식후에 먹어도 속이 더부룩한 느낌이 없답니다.

쌀가루로 만드는 요령

정확하게 계량한다

밀가루를 사용할 때도 정확한 계량은 중요하지만, 쌀가루 등으로 빵을 만들 때는 더 중요해요. 이 책에서 재료는 기본적으로 그램(g) 단위입니다. 만들기 전에 재료를 계량해 준비해주세요.

쌀가루를 체 치나요? 체 치지 않나요?

보통 과자를 만들 때는 밀가루의 입자가 곱고 달라붙기 쉬우니 체를 칩니다. 그러나 쌀가루는 보슬보슬하기에 마들렌 같은 재료를 섞어줄 때는 체를 치지 않아도 괜찮습니다. 스펀지 반죽처럼 폭신하고 가벼운 마무리를 원할 때는 체를 쳐줍니다. 또 밀가루로 만들 때는 글루텐을 형성하기 위해 반죽을 한동안 휴지시키는 경우가 많은데요, 글루텐이 없는 쌀가루나 콩가루는 잠시만 휴지시켜도 괜찮아요!

섞는 방법은 신경 쓰지 않아도 OK!

밀가루의 경우, 섞는 방법이 글루텐 형성에 영향을 미칩니다. 휴지시키지 않고 반죽을 구우면 반죽이 줄어들거나 딱딱해지는 경향이 있지요. 그런데 글루텐을 함유하지 않은 가루는 섞는 방법을 신경 쓰지 않아도 괜찮아요! 많이 섞어도 딱딱해지지 않고, 덩어리가 잘 안 생겨서 초보자도 잘 만들 수 있어요.

쌀가루는 수분을 잘 흡수한다

쌀가루를 사용하면 밀가루로 만들 때보다 수분을 잘 흡수합니다. 예를 들어 타르트의 밑 부분에 까는 반죽이나 슈 반죽은 밀가루로 만들 때보다 더 많은 양의 달걀이 사용되지요. 그리고 완성된 반죽은 글루텐이 없어서 부서지기 쉬우니 다룰 때 주의가 필요합니다.

밀가루 알레르기, 다이어트, 몸 컨디션이 좋지 않다……

밀가루 섭취를 줄이고 싶다면 꼭 한번 만들어 보세요.

이 책에서 자주 사용하는 재료

이 책에서 사용한 재료는 슈퍼마켓이나 제과재료 전문점에서 살 수 있습니다.
만들고 싶은 과자에 따라 필요한 재료를 갖추어주세요.

(1) 쌀가루

멥쌀을 제분한 것으로 상신분上新粉(정백미를 빻은 가루로 제과 재료로 씀)보다도 입자가 곱습니다. 글루텐이 첨가되지 않은 제과용 쌀가루를 사용해주세요. 쌀가루는 상품에 따라 입자의 크기가 다르므로 주의해야 합니다. 입자가 고운 것이 적합해요. 이 책에서는 닛신제분日淸製粉의 '미노리(업무용)'를 사용합니다. 쌀가루의 종류에 따라 달걀이나 수분 등의 양을 조절해주세요.

(2) 콩가루

대두를 갈은 가루로 독특하고 고소한 향이 있어요. 콩고물도 대두로 만든 가루이지만 콩고물은 콩을 볶은 다음에 갈아 만들고, 콩가루는 날콩 그대로 갈아서 만듭니다.

(3) 옥수수 가루

옥수수를 말려 가루로 만든 것으로 반죽에 섞으면 고소한 향이 납니다. 입자의 크기에 따라 몇 종류가 있지요. 콘 그리츠corn grits(거칠게 빻은 옥수수), 콘밀corn meal(입자가 굵은 옥수수 가루), 콘 플라워corn flour(고운 입자의 옥수수 가루)의 순서로 입자가 고와집니다. 이 책에서는 콘 플라워를 사용합니다.

(4) 아몬드 파우더

아몬드를 분말로 만든 것으로 감칠맛과 풍미가 있어 프랑스 과자를 만들 때 빼놓을 수 없습니다. '아몬드 푸드르'라고도 부릅니다.

(5) 베이킹파우더

알루미늄 프리 제품에서 밀가루가 들어 있지 않은 것을 사용합니다. 과자를 부풀리는 작용을 합니다.

(6) 코코아 파우더

카카오 매스에서 카카오 버터를 짜내고 남은 코코아를 분말로 만든 것을 말합니다. 이 책에서는 설탕이 들어 있지 않은 제품을 사용합니다.

(7) 버터

과자를 만들 때는 소금이 들어 있지 않은 무염버터를 사용합니다. 이 책에서는 나카자와 유업의 '나카자와 프레시 무염버터'를 사용합니다.

(8) 달걀

이 책에서 달걀은 M크기(58~64g)를 기준으로 합니다. 1개 당 정미중량은 50g(달걀흰자 30g, 달걀노른자 20g)입니다. S크기(52~64g)나 L크기(64~70g)인 달걀을 사용할 때는 양을 조정해주세요. 머랭을 만들 때 달걀흰자는 냉장고에서 차갑게 만들어 두는 게 좋습니다. 믹싱볼에 기름이 묻어있으면 거품을 내기 어려워지니 주의해주세요.

(9) 그래뉼러당

설탕은 과자에 단맛을 내줄 뿐 아니라 부풀게 하고 오래 보존할 수 있게 해주며 윤기를 내는 등 여러 작용을 합니다. 이 책에서는 주로 그래뉼러당을 사용합니다. 당액을 정제해 고운 입자 상태로 만든 그래뉼러당은 다른 재료에 쉽게 녹기 때문에 과자 만들기에 적합합니다. 단맛에 느끼함이 없는 것도 특징입니다.

(10) 분당

분당은 그래뉼러당보다 보슬보슬한 분말 상태의 설탕입니다. 반죽을 가볍게 마무리하고 싶을 때 외에도 데코레이션에 자주 쓰입니다. 데코레이션에 사용할 때는 녹지 않는 타입을 추천합니다.

(11) 우유

슈퍼마켓 등 시중에서 파는 우유를 사용합니다. 이 책에서는 나카자와 유업의 'MILK(성분 무조정 우유)'를 사용합니다.

(12) 생크림

이 책에서는 동물성 지방 크림을 사용합니다. 유지방분에 따라 감칠맛이 달라지지요. 35~42% 정도의 제품을 추천하는데 이 책에서는 나카자와 유업의 '북해도 프레시 크림 40%'을 사용합니다.

5
6
3
2
10
1
9
8
4
12
7
11

이 책에서 자주 사용하는 도구

프랑스 과자를 순서대로 잘 만들려면 먼저 레시피를 읽어보고
필요한 도구나 틀을 준비해주세요.

(1) 믹싱볼

재료를 섞고 거품을 내고 얼음물에 갖다 대는 등 과자 만들기에서 빼놓을 수 없는 도구입니다. 열전도율이 좋은 스테인리스 제품을 크기별로 갖추면 편리해요.

(2) 체

밀가루를 체 칠 때, 반죽을 거를 때에 사용합니다. 소량의 가루를 체 칠 때는 차 거름망을 사용하면 좋아요.

(3) 거품기

반죽을 섞고 달걀을 거품낼 때 사용하는 거품기는 과자 만들기에서 빼놓을 수 없는 도구입니다. 사용하는 믹싱볼 크기에 맞춰 큰 것과 작은 것을 구비해두면 좋습니다.

(4) 핸드믹서

전동식 거품기를 쓰면 머랭 등의 거품내기를 빠르고 쉽게 할 수 있습니다. 날의 너비가 널찍하고 거품 내는 속도를 저·중·고속 3단계 이상으로 바꿀 수 있는 것을 추천해요.

(5) 고무주걱

고무주걱은 반죽을 섞고 틀에 흘려 넣을 때 등 재료를 남김 없이 분량대로 작업할 수 있게 해주어 요긴하게 쓰입니다. 크기별로 가지고 있으면 편리해요.

(6) 나무주걱

재료를 섞고, 반죽하고, 체에 거를 때 빼놓을 수 없죠. 모양이 긴 것이 사용하기 좋습니다. 향이나 색이 배기 쉬우니 과자 전용으로 준비해주세요.

(7) 팔레트 나이프

반죽을 평평하게 펴주거나 케이크의 표면에 크림을 바를 때, 틀에서 케이크를 떼어낼 때 사용합니다.

(8) 솔

달걀노른자나 시럽을 바를 때 혹은 덧가루를 털어낼 때 사용합니다. 사용한 후에는 잘 씻어서 물기를 빼고 말려줍니다.

(9) 카드형 스크래퍼

반죽을 섞고, 합치고, 자르고, 평평하게 펼 때에 사용합니다. 곡선 부분과 직선 부분으로 나누어 쓸 수 있어요.

(10) 스크래퍼

파이나 타르트 반죽을 섞을 때 사용합니다. 또 반죽을 잘라서 나누거나 평평히 고르게 만들 때도 사용합니다.

(11) 짤주머니 · 깍지

짤주머니는 반죽을 틀에 넣을 때나 크림을 짜낼 때 사용합니다. 깍지는 짤주머니 앞부분에 끼워 사용합니다. 구멍의 모양이나 크기에 따라 짜내는 크림의 모양과 양이 달라지니 모양과 크기별로 여러 개 준비해두면 좋아요.

(12) 오븐시트

틀이나 오븐 팬에 깔아서 사용합니다. 사용하고 버리는 타입과 씻어서 쓸 수 있는 타입이 있습니다.

(13) 밀대

타르트나 파이 등의 반죽 크기를 늘릴 때에 사용합니다. 어느 정도 무게와 두께가 있고, 반죽을 늘리려는 폭보다 조금 긴 것이 좋지만 없으면 짧은 것도 괜찮습니다.

(14) 저울

1~2g도 정확한 계량이 가능한 디지털식을 추천해요. 용기 무게를 제거하는 영점 조정기능이 있어서 편리해요.

1
2
3
4
5
6
7
8
9
10
11
12
13
14

프랑스 과자 용어 사전

가나슈 Ganache

초콜릿에 생크림, 버터, 우유, 양주 등을 섞은 초콜릿 크림을 말합니다.

가르니튀르 Garniture

프랑스어로 '내용물'을 의미하는데 파이, 스펀지, 롤 케이크 등의 사이에 바르는 크림 종류를 말합니다.

갈레트 Galette

평평하게 구운 과자로 원형 모양이 많아요. 과자는 아니지만 메밀가루 크레이프도 갈레트라고 부릅니다.

갸토 Gâteau

프랑스어로 '케이크'를 의미하는데 양과자 전반을 뜻하기도 해요.

글라사주 Glaçage

과자 표면에 설탕 옷을 입히는 것으로 표면의 건조를 방지하여 맛과 풍미, 광택을 유지하고 장식 기능도 있어요.

머랭 Meriengue

달걀흰자에 설탕을 넣어 뿔이 제대로 설 때까지 거품을 낸 것을 말해요. 구운 과자 그 자체를 부르는 경우도 있지요. 달걀흰자는 차가울수록 거품을 내기 좋아요. 수분이나 유분은 거품을 꺼지게 하는 요인이니 깨끗하게 씻고 닦은 믹싱볼과 거품기를 사용해주세요. 아무리 쫀쫀해도 거품은 금방 가라앉으니 뿔이 섰을 때 바로 사용하고 거품이 꺼지지 않도록 다른 재료와 조심히 섞으면 좋습니다(마카롱 파리장Macarons de paris—jean은 예외).

무스 Mousee

초콜릿이나 과일 퓌레 등에 거품을 낸 생크림이나 머랭, 젤리틴을 넣어 굳힌 것을 말해요.

바닐라 Vanille

난초의 한 종류이자 과자에 향기를 입히는 향신료 중 하나에요. 주로 콩깍지를 훑어서 빼낸 씨앗을 사용합니다. 향료로는 바닐라 에센스와 바닐라 오일이 있어요.

브리제 반죽 Pâte brisée

프랑스어로 '부서지다'라는 의미로 쉽게 부서질 것 같은 바삭바삭한 식감의 타르트 반죽을 말합니다. 소금을 넣어 만들기에 달지 않고 키슈 등에도 사용해요.

비스퀴 Biscuit

달걀흰자와 노른자를 따로따로 해서 만드는 스펀지 반죽 혹은 그와 가까운 식감의 반죽을 말해요.

수플레 Soufflé

프랑스어로 '부풀다, 불룩해지다, 부풀리다'라는 의미가 있어요.

쉬크레 반죽 Pâte à sucrée

'설탕'을 뜻하는 쉬르크의 파생어로 설탕을 첨가한 달콤한 타르트 반죽을 말합니다.

쉭세 반죽 Pâte à succès

머랭에 아몬드나 헤이즐넛 파우더, 밀가루를 더해 구운 반죽을 말해요.

슈 반죽 Pâte à choux

프랑스어로 '양배추'라는 뜻인데 구운 모양이 양배추 같아 붙여진 이름입니다.

슈트로이젤 Streusel

영어로는 '크럼블'이라고 읽는데 밀가루, 설탕, 버터를 섞어 울퉁불퉁한 소보로 상태로 만든 것을 말합니다. 과자나 케이크의 토핑으로 사용하지요.

아몬드 푸드르 Poudre d'amandes

푸드르는 프랑스어로 '가루'를 뜻하는데, 아몬드를 갈아 가루로 만든 아몬드 파우더를 뜻합니다.

아파레유 Appareil

프랑스어로 '재료'라는 뜻으로 달걀, 밀가루, 버터 등의 재료를 섞은 것을 말합니다.

제누아즈 Génoise

공립법(달걀흰자와 노른자를 동시에 거품 내기)으로 만든 매끄러운 스펀지 반죽이에요. 별립법(달걀흰자와 노른자를 따로 거품 내기)으로 만든 스펀지 반죽은 '비스퀴'라고 부르지요.

카라멜리제 Caraméliser

설탕과 물 등을 캐러멜 상태로 졸인 것과 견과류 등을 캐러멜로 씌운 것을 뜻해요.

콩피 Confit

프랑스 요리의 조리법 중 하나입니다. 지방을 사용해서 고기를 저온으로 가열하는 것을 가리키기도 하고, 과일을 설탕에 절이는 것을 의미하기도 해요.

콩피튀르 Confiture

프랑스어로 '잼'이라는 뜻인데 과일을 조린 것을 통칭해요.

쿠베르튀르 Couverture

프랑스어로 '씌우다'라는 뜻인 제과용 초콜릿입니다. 카카오 버터 31% 이상 함유하여 감칠맛이 있고 과자를 코팅했을 때 매끄럽고 아름다운 광택이 생겨 보기에도 좋아요.

크로캉 Croquant

프랑스어로 '아삭아삭하다'는 의미인데 그 뜻대로 호두나 아몬드를 넣은 것이 많아요.

크림 다망드 Crème d'amandes

아몬드 파우더에 버터·설탕·달걀 등을 섞은 아몬드 크림으로 파이나 타르트 등을 채울 때 많이 사용합니다.

키르슈 Kirsch

체리로 만든 증류주를 말해요.

파트 다망드 Pâte d'amandes

아몬드 파우더와 설탕을 섞어 반죽한 페이스트 상태를 뜻합니다. 영어로는 '마지팬^{marzipan}(아몬드, 설탕, 달걀을 섞은 것, 과자를 만들거나 케이크 위를 덮을 때 씀)'이라고 읽어요. 타르트의 속 재료나 반죽 만들기, 크림 등에 넣어 사용하지요. 아몬드 파우더와 설탕의 비율이 2:1이면 '로 마지팬^{raw marzipan}'이라고 읽습니다.

폰당 Fondant

시럽을 고온에서 조려 하얗게 재결정화한 크림 형태를 말하는데 과자에 입히는 설탕 옷이자 분당을 양주 등에 타서 묽게 만든 것을 뜻합니다.

프랄리네 페이스트 Pâte de praline

구운 아몬드나 헤이즐넛에 설탕을 롤러로 빻아 넣어 페이스트 형태로 만든 것을 말합니다.

피케 Piquer

타르트 반죽을 구울 때 부풀거나 줄어드는 것을 방지하기 위해 포크 등으로 반죽에 구멍을 내주는 작업을 뜻합니다.

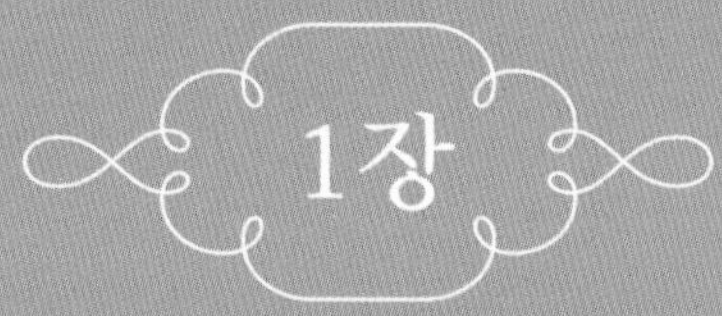

프랑스 전통 과자

Pâtisserie traditinnelle française

프랑스 전통 과자란?

'프랑스 과자'라고 하면 사람들은 일반적으로 '화려하고 맛있다'라는 이미지를 가지고 있을 것입니다. 프랑스 과자가 지금의 형태를 갖추고 많은 사람이 먹기 시작한 것은 18세기 후반이라고 합니다. 프랑스 혁명이 일어나 왕후 귀족의 저택이 무너져서 갈 곳이 없어진 과자 장인과 초콜릿을 다루던 약사가 거리에서 가게를 연 게 그 시초라고 해요. 그 대표적인 과자 장인이 베르사유 궁전에서 솜씨를 발휘하던 스토러Stohrer와 루이 16세의 약사였던 드보부Debauve입니다. 그들의 가게는 지금도 파리에 있습니다.

그러나 궁궐에서 만들어지던 과자도 따지고 보면 16세기에 이탈리아에서 설탕과 제과기술이 전해지면서 발전한 것입니다. 그런 궁궐의 과자 역사를 계속해서 이어나간 사람이 18세기에 나타난 천재 과자 장인, 앙투앙 카렘Antonin Careme입니다. 그는 샤를로트Charlotte(비스킷을 손가락 모양으로 둥글게 만들어 그 속에 바바리안 크림 또는 무스 크림을 넣고 차갑게 응고한 과자)나 프로피터롤Profiterole(아이스크림이 들어간 부드러운 슈에 따뜻한 초코시럽을 뿌려 먹는 과자)을 고안했는데, 이것을 시작으로 생토노레Saint-honoré(여왕의 디저트, 겉은 바삭하고 속은 부드러운 달콤한 왕관 모양)나 사바랭savarin(프랑스식 생과자)을 만든 줄리앙 형제, 팽 드 젠Pain de Gênes(p.44)을 만든 포벨Fauvel 등 우수한 장인이 만든 과자가 등장하기 시작했으며 현재에도 계속해서 만들어지고 있습니다. 그리고 기독교에서 빼놓을 수 없는 갈레트 데 루아Galette des rois('왕의 갈레트'란 뜻으로 1월 6일 공현절L'Epiphane에 먹는 축제 음식)나 부쉬 드 노엘Buche de Noel(프랑스에서 크리스마스 때 먹는 나무토막 모양의 케이크), 그 외에도 오래전부터 계속 만들어지고 있는 팽 데피스Pain d'épices(진저브레드, p.66)나 와플, 쿠글로프Kouglof(알자스 지방의 건포도 빵)나 비스퀴 드 사부아Biscuit de Savoie(사부아 지방의 전통 케이크, p.42)등 독특한 특성을 지닌 여러 지방의 과자가 있습니다. 이러한 과자를 전부 통틀어 프랑스 전통 과자라 할 수 있습니다. 시대를 뛰어넘어 사랑받는 맛과 오늘날까지 전해 내려오는 이야기를 지닌 과자들이지요.

프랑스 전통 과자 이야기

프랑스 전통 과자에는 각각 독자적인 배경과 이야기가 있습니다.
이를 알게 되면 프랑스 과자가 더 친숙하게 느껴질 겁니다.

마들렌
Madeleine

≫ p.26

◈ 하녀의 과자로부터 시작됐다

18세기에 로렌 공국을 통치하던 스타니스라스 렉친스키 공이 연회를 열었을 때, 하필 과자 장인이 자리를 비웠습니다. 렉친스키 공은 황급히 하녀에게 과자를 만들게 했는데 그 과자가 상상 이상으로 맛있었다고 해요. 그래서 공작은 그 하녀의 이름을 따서 과자에 마들렌이라는 이름을 붙였습니다. 그후, 코메르시의 과자 장인이 이 레시피를 사들여서 계속 만들게 된 게 유래라고 합니다.

비지탕딘
Visitandine

≫ p.28

◈ 꽃 같은 독특한 모양의 과자이다

이 과자는 로렌 지방의 세인트 마리 수도회에서 처음 만들어졌다고 알려져 있습니다. 비지탕딘이라는 이름이 최초로 문헌에 기록된 것은 1890년의 일로 꽃 모양의 독특한 형태가 특징입니다. 달걀흰자로 만드는 이 과자는 경제적이고 맛있어서 사람들에게 인기를 끌었고 이후에 프랑스 북부의 낭시에서 크게 유행했다고 합니다. 만드는 방법과 필요한 재료는 피낭시에*와 비슷합니다.

에클레르
Éclair

≫ p.30

◈ 슈는 이탈리아인이 고안했다!?

에클레르는 전광석화라는 의미로 안에 들어 있는 크림이 반죽에서 비어져 나오기 전에 전광석화처럼 재빠르게 한입에 먹게끔 만들어진 데에서 유래했습니다. 초콜릿 혹은 모카 향이 주류였지만 지금은 여러 가지 맛과 디자인으로 만들어집니다. 에클레르에 사용되는 슈 반죽은 포플리니라는 이탈리아인이 고안했다고 전해집니다.

※ '부자' '금융가'라는 뜻으로 '피낭시에 틀'이라는 작은 사다리꼴 모양의 틀로 굽는데, 프랑스 증권가에서 부자가 되라는 의미로 과자를 만들어 나누어 준 게 유래답게 그 모양이 금괴나 지폐 같다고도 해요.

까늘레 드 보르도
Cannelé de Bordeaux

≫ p.34

◈ 수도원에서 탄생한 과자이다

18세기에 보르도 지방의 수도원에서 만들어진 과자라고 합니다. 당시에는 얇게 편 반죽을 둥글게 만들어 라드[lard](요리용 돼지 기름)로 튀겼다고 해요. 그러다 19세기에 들어서 옥수수 가루를 사용했고 그후 옥수수가루가 밀가루로 대체되면서 브리오슈 모양으로 굽게 되었어요. 현재에는 홈이 파여 있는 동으로 된 틀을 사용해 만들고 있답니다.

폴카
Polka

≫ p.36

◈ 과자 이름의 유래가 된 건 동유럽의 인기다

19세기 프랑스에서는 당시 유행하던 연극이나 음악에서 영감을 얻어 과자에 이름을 붙이는 경우가 많았습니다. 특히 당시에는 동유럽의 문화가 인기였어요. 그래서 딱딱해진 브리오슈를 이용한 과자에는 폴란드라는 뜻을 가진 폴로네즈라는 이름을 붙였고, 엄청 인기가 많던 이 과자에는 체코 민족무곡인 폴카라는 이름을 붙였답니다.

루네트
Lunettes

≫ p.40

◈ 자세히 보면 안경 모양이다

루네트는 안경이라는 의미로 구멍이 두 개 뚫려있다는 점이 안경과 비슷해서 붙여진 이름입니다. 동그랗게 잘라낸 구멍에 잼을 채워 넣으면 잼 샌드 쿠키가 된답니다. 반죽 자체는 사블레 반죽과 똑같아요. 사블레는 버터가 맛있는 노르망디에서 만들어졌다고 해요. 사블레의 의미는 모래인데, 이름 그대로 모래처럼 바사삭 부서지기 쉬운 식감을 낼 수 있게 만드는 것이 중요합니다.

비스퀴 드 사부아
Biscuit de Savoie

≫ p.42

◈ 성의 모양이 모티브가 되었다

이 과자의 탄생에 대해서는 여러 가지 설이 있습니다. 사부아 지방을 통치하던 백작인 아메데 6세, 혹은 아메데 8세가 자신의 성에서 열린 만찬에 신성 로마제국황제를 초대했다고 해요. 그때 자신의 지위를 높이고 싶어서 과자 장인에게 황제를 감탄하게 만들 과자를 고안하게 했는데 그 과자가 아름다운 성의 모습이었던 데서 유래한 설이 가장 유명하지요.

팽 드 젠
Pain de Gênes

≫ p.44

◈ 향기로운 아몬드의 풍미가 특징이다

19세기 파리의 생토로네 거리의 가게에서 견습생이 절구로 아몬드를 빻아 무스 형태로 만든 것을 보고 그 가게의 셰프이자 파티셰인 포벨이 구워서 완성시킨 과자랍니다. 당시에는 앙브루아즈[ambroise]라는 이름이었지만, 스승으로서 존경하는 프라스카티의 가게로 옮겼을 때 다시 개량해서 이름도 팽 드 젠이라고 바꾸었습니다.

Madeleine
마들렌

쌀가루로 만들어 느낄 수 있는 바삭한 식감을 즐겨보세요!
레몬의 풍미로 상쾌하게, 콩가루로 고소하게 먹을 수 있어요.

재료 (5cm×8cm 크기의 마들렌 12개 분량)

계란…2개
그래뉼러당…80g
소금…약간
레몬껍질(잘게 갈은 것)…1개 분량
A | 쌀가루…80g
　 | 콩가루…10g
　 | * 없으면 쌀가루 양을 늘린다.
　 | 베이킹 파우더…3g
바닐라 에센스…적당량
버터…90g
벌꿀…10g

준비

- 버터는 실온에 둔다.
- 틀에 버터(분량 외)를 바르고 쌀가루(분량 외)를 체 쳐서 바른 후 여분의 가루를 털어내고 냉장고에서 식힌다.
- * 반죽은 구워내면 틀의 패인 곳 바깥쪽까지 부풀어 오르므로, 패인 곳의 바깥쪽에도 버터를 바른다. 이렇게 해두면 반죽이 틀에서 깔끔하게 떨어진다.
- 오븐은 220℃로 예열한다.

만드는 법

1 작은 냄비에 버터와 벌꿀을 넣고 불에 올린 다음 버터를 녹인다.

2 믹싱볼에 계란을 넣어 거품기로 풀어주고, 그래뉼러당을 2회에 걸쳐 넣을 때마다 거품기로 섞어준다. 소금, 레몬 껍질, A를 더해 같이 섞어준다.

3 바닐라 에센스와 40℃ 정도로 식힌 1번을 부어서 섞어준다. 랩을 씌워 30분 이상 서늘한 곳에서 휴지시킨다.

4 원형 깍지를 끼운 짤주머니에 반죽을 넣고 틀의 90%까지 채워 넣는다. 오븐에서 8분 정도 굽고 200℃로 온도를 낮춰 6~7분 더 굽는다.

◆ Point

보통 마들렌을 만들 때는 입자가 곱고 달라붙기 쉬운 밀가루를 사용하기 때문에 체를 쳐서 사용합니다. 그러나 쌀가루는 보슬보슬해서 달라붙지 않기 때문에 마들렌을 만드는 재료를 섞을 때는 체를 치지 않아도 괜찮습니다. 보통은 글루텐 형성을 위해 3시간 이상 휴지시키지만, 글루텐 프리인 쌀가루나 콩가루는 잠시 휴지시키는 것만으로 글루텐이 잘 형성되니 시간을 절약할 수 있어요.

Visitandine
비지탕딘

아몬드와 달걀흰자가 들어간 촉촉한 반죽에 태운 버터의 풍미가 더해져 맛있어요.
피낭시에*와 거의 비슷한 반죽이지만, 굽는 틀이 다르답니다.

재료 (지름 6㎝ 크기의 비지탕딘 약 12개 분량)

달걀흰자…125g
그래뉼러당…150g
A   쌀가루…70g
    아몬드 파우더…60g
버터…100g
바닐라 에센스…적당량

준비

- 버터와 달걀흰자는 실온에 둔다.
- 틀에 버터(분량 외)를 바르고 쌀가루(분량 외)를 체 쳐서 바른 후 여분의 가루를 털고 냉장고에서 식힌다.
- *반죽은 구우면 틀의 패인 곳의 바깥쪽까지 부풀어 오르므로 패인 곳의 바깥쪽에도 버터를 바른다. 이렇게 해두면 반죽이 틀에서 깔끔하게 떨어진다.
- A는 합쳐서 체 친다.
- 오븐은 200℃로 예열한다.

만드는 법

1 작은 냄비에 버터를 넣어 불에 올려 녹이고 거품기 등으로 섞으면서 엷은 갈색이 될 때까지 태운다.
2 믹싱볼에 달걀흰자를 넣어 거품기로 풀어주고 그래뉼러당을 더해 섞어준다.
3 A를 넣어 섞고 식은 다음 1번과 바닐라 에센스를 첨가해 섞는다.
4 원형 깍지를 끼운 짤주머니에 반죽을 넣고 틀의 90%까지 채운다. 오븐에서 15분 정도 굽는다.

*피낭시에는 '부자' '금융가'라는 뜻인데, 이 과자는 '피낭시에 틀'이라 불리는 작은 사다리꼴 모양 틀로 구워요. 그 모양이 금괴나 지폐 같다고도 하여 붙여진 이름이지요.

◆ Point

쌀가루는 보슬보슬하게 퍼지므로 과자에 따라 체 쳐 넣지 않아도 괜찮아요. 비지탕딘에서도 체 치지 않아도 된답니다! 태운 버터는 잔열에 너무 타버리지 않도록 주의하세요.

Éclair
에클레르(초콜릿, 레몬)

슈 반죽과 커스터드 모두 쌀가루를 사용해 가벼운 식감으로 만들었어요.
표면에 바르는 재료는 시판되는 폰당이 아닌 직접 만든 글라사주로 코팅해 고상한 풍미로 마무리했습니다.

재료 (초콜릿, 레몬 각 5개 분량)

❋ 슈 반죽(10개 분량)

버터…50g
우유…60g
물…60g
소금…2g
쌀가루…65g
달걀…2개

❋ 초코 커스터드 크림(5개 분량)

달걀노른자…2개 분량
그래뉼러당…60g
쌀가루…30g
우유…250g
바닐라 에센스…적당량
초콜릿…30g

❋ 초콜릿 글라사주(5개 분량)

생크림…50g
초콜릿…100g
샐러드유…1큰술

❋ 레몬 크림(5개 분량)

달걀노른자…2개 분량
그래뉼러당…70g
쌀가루…30g
우유…200g
레몬즙…48g
레몬껍질(잘게 갈은 것)…½개 분량

❋ 레몬 글라사주(5개 분량)

분당…80g
레몬즙…15g

준비

- 슈 반죽용 버터는 주사위 모양으로 자른다.
- 커스터드 크림용 우유는 실온에 두었다 끓어 오르기 직전까지 데운다.
- 커스터드 크림용 쌀가루는 체 친다.
- 커스터드 크림과 초코 글라사주용 초콜릿은 각각 잘게 썬다.
- 오븐은 200℃로 예열한다.

만드는 법

1 슈 반죽을 만들어(p.32) 지름 1.5㎝의 원형 깍지를 끼운 짤주머니에 넣고 오븐시트를 깐 오븐 팬에 두께 2㎝,

길이 10~12㎝ 정도의 막대기 형태로 짜준다.

2 포크 끝에 물을 찍으며 반죽 위에 세로 선을 그으며 눌러준 후 오븐에서 25분 정도 굽는다.

❋ 슈 반죽 표면의 부푼 곳이 안정된다.

〈초콜릿〉

3 커스터드 크림을 만들고(p.33), 뜨거울 때 불에서 내려 초콜릿을 더 넣어 거품기로 섞으면서 녹인다. 믹싱볼에 옮겨 담아 볼 바닥에 얼음물을 대고 저어주며 식힌다.

4 초콜릿 글라사주를 만든다. 작은 냄비에 생크림을 끓이고 초콜릿을 더해 거품기로 섞으면서 녹이다 샐러드유도 넣어서 섞는다.

〈레몬〉

5 레몬 크림을 만든다. 작은 냄비에 달걀노른자를 넣고 거품기로 풀다 그래뉼러당과 쌀가루를 넣어 섞어준다. 우유와 레몬즙, 레몬 껍질을 더해 불에 올려 끊임없이 저어주면서 크림 상태로 만든다(처음에는 중불, 후반에는 약불). 믹싱볼에 옮겨서 식힌다.

6 레몬 글라사주를 만든다. 믹싱볼에 분당을 넣고 레몬즙을 조금씩 더해가며 섞어 에클레르의 표면에 바를 정도의 농도로 만든다.

7 완성한다. 2번 슈 반죽이 완전히 식으면, 평평한 면 2곳에 구멍을 내고 지름 약 5㎜의 원형 깍지를 끼운 짤주머니에 크림을 각각 넣어 슈 반죽을 채워 넣는다.

8 바닥이 평평한 부분에 각각의 글라사주를 바르고 레몬 에클레르의 표면에 취향에 맞게 잘게 갈은 레몬껍질(분량 외)을 뿌려준다.

슈 반죽

재료 (약 300g, p.30의 에클레르 10개 분량 혹은 p.36
의 폴카 1개 분량)

버터…50g
우유…60g
물…60g
소금…2g
쌀가루…65g
달걀…2개

준비

• 버터는 녹을 때까지 수분이 증발하지 않도록 주사위
모양으로 자른다.

만드는 법

❶ 냄비에 버터, 우유, 물, 소금을 넣고 팔팔 끓
인다. 불에서 내리고 쌀가루를 다 넣어 나무
주걱으로 섞어준다.

❷ 1번 냄비를 다시 약한 중불에 올린다. 내용물
이 타지 않게 나무주걱으로 냄비 바닥을 긁어
계속 저으면서 수분을 날린다.

❸ 2번을 푸드 프로세서 용기로 옮기고 달걀 푼
것을 3회 정도로 나누어 넣을 때마다 잘 저어
섞는다.

❹ 나무주걱으로 반죽을 떴을 때 반죽이 천천히
떨어질 정도의 농도가 되도록 만든다.

* 반죽의 상태에 따라 분량의 달걀을 다 쓰지 않아도
괜찮다.

crème pâtissière

커스터드 크림

재료 (약 350g 1개 분량)

달걀노른자…2개 분량
그래뉼러당…60g
쌀가루…30g
우유…250g
바닐라 에센스…적당량

준비

- 우유는 실온에 두었다 팔팔 끓기 직전까지 데운다.
- 쌀가루는 체 친다.

만드는 법

❶ 냄비에 버터, 우유, 물, 소금을 넣고 팔팔 끓인다. 불에서 내리고 쌀가루를 다 넣어 나무주걱으로 섞어준다.

❷ 거의 다 섞었으면 데워 둔 우유의 반을 넣고 섞는다. 남은 우유와 바닐라 에센스를 더해 잘 섞어준다.

❸ 처음에는 강불에 올려 온도를 높이고 따뜻해지면 약불로 바꾼다. 가열 중에는 냄비 바닥을 나무주걱으로 긁으며 계속 저어준다.

*타지 않도록 냄비를 불에 올렸다 내렸다 조절하면서 끓인다.

❹ 부글부글 끓고 거품기의 자국이 남을 정도로 걸쭉한 상태가 되면 냄비를 불에서 내려 식힌다.

카늘레 드 보르도

독특한 식감의 과자에요.
쌀가루로 만들면 겉은 더 바삭바삭, 속은 더 쫀득쫀득하게 만들어져요.

재료 (지름 5cm 높이 5cm의 카늘레 5개 분량)

우유…250g
버터…13g
그래뉼러당…120g
바닐라 빈…½개
달걀…1개
쌀가루…75g
럼 주…1큰술

준비

• 틀에 샐러드유(분량 외)를 얇게 펴 바르고 오 븐시트 위에 30분 정도 뒤집어두어 여분의 샐러드유를 떨어뜨린다.
• 오븐은 200℃로 예열한다.

만드는 법

1 냄비에 우유와 버터, 바닐라 씨와 콩 깍지, 그래뉼러당 60g을 넣고 데운다.

2 믹싱볼에 달걀을 넣고 남은 그래뉼러 당 60g도 넣어 섞어준다.

3 2번에 쌀가루를 넣어 거품기로 섞고 1 번을 체 치면서 더해 섞는다. 럼주를 넣어 섞은 후 30분 정도 휴지시킨다.

4 휴지시킨 반죽은 믹싱볼 바닥에 가 루가 덩어리지기 쉬우니 잘 섞은 다 음 틀에 흘려 넣어준다. 오븐에서 70 분 정도 굽는다.

Polka
폴카

지금은 쉽게 볼 수 없는 과자 중 하나이지만,
대대로 계속 만들고 있는 제과점도 있답니다.

재료 (지름 18㎝의 원형 1개 분량)

✳ 브리제 반죽
버터…50g
쌀가루…100g
소금…약간
그래뉼러당…7g
달걀…28~30g

✳ 슈 반죽
버터…50g
우유…60g
물…60g
소금…2g
쌀가루…65g
달걀…2개
달걀노른자…적당량

✳ 커스터드 크림
달걀노른자…2개 분량
그래뉼러당…60g
쌀가루…30g
우유…250g
바닐라 에센스…적당량

준비

• 브리제 반죽의 버터는 사방 1㎝ 크기의 정육
 면체로 잘게 자른다.
• 브리제 반죽의 재료(버터는 잘게 자른 것)는
 전부 냉장고에 넣어 차갑게 둔다.
• 슈 반죽의 버터는 주사위 모양으로 자른다.
• 커스터드 크림을 만들 우유는 실온에 두었다
 팔팔 끓기 직전까지 데워준다.
• 커스터드 크림을 만들 쌀가루는 체 친다.
• 오븐은 200℃로 예열한다.
• 달걀노른자는 소량의 물(분량 외)에 풀어둔다.
• 마무리하기 전에 인두(요리용 토치)를 10분 이상
 가열해둔다.

만드는 법

1 브리제 반죽을 만든다(p.38). 반죽을
 작업대에 올려놓고 랩을 씌운 후 밀
 대를 이용해 2㎜ 두께로 둥글게 펴주
 고 지름 18㎝ 원형으로 자른 후 포크
 등으로 찔러서 구멍(피케)을 낸다.

2 슈 반죽을 만든다(p.32). 지름 1.5㎝
 원형 깍지를 끼운 짤주머니에 반죽을
 넣고 1번 브리제 반죽의 테두리에 동
 그라미를 그리듯이 짜준다.

3 솔을 이용해 물에 풀어둔 달걀노른자
 를 슈 반죽에 바르고 오븐에서 18분
 정도 굽는다.

4 커스터드 크림을 만들고(p.33), 믹싱
 볼에 옮겨 담아 볼의 바닥에 얼음물
 을 대고 섞으면서 식힌다.

5 3번 슈 반죽의 안쪽에 4번 커스터드
 크림을 채우고 냉장고에서 1시간 이
 상 식힌 다음에 그래뉼러당(분량 외)
 을 표면에 뿌리고 달구어둔 인두(요
 리용 토치)를 갖다 대어 캐러멜 색으
 로 태운다.

＊인두(요리용 토치)에 묻은 그래뉼러당은 불
 에 찍어 탄화시키면 자연스럽게 떨어진다.

브리제 반죽

재료 (지름 18㎝, 무게 약 190g의 타르트 1개 분량)

버터…50g
쌀가루…100g
소금…약간
그래뉼러당…7g
달걀…28〜30g

준비

- 버터는 사방 1㎝ 크기의 정육면체로 잘게 자른다.
- 재료(버터는 잘게 자른 것)는 전부 냉장고에서 식혀둔다.
- 달걀은 풀어둔다.

브리제 반죽 만들기

❶ 믹싱볼에 버터, 쌀가루, 소금, 그래뉼러당을 넣는다. 버터에 가루 종류를 묻혀가면서 스크래퍼 등으로 잘게 다져준다.

❷ 버터가 팥알 정도의 크기가 되면 손가락으로 가루와 버터를 문지르면서 점점 잘게 만든다.

❸ 달걀을 넣어 섞고 손으로 꾹꾹 누르듯이 반죽을 뭉친다. 대충 한 덩어리가 되면 둥그렇게 만들어준다.

브리제 반죽을 펴준다

❹ 반죽을 작업대에 올려놓고 랩을 씌운다. 밀대를 이용해 2㎜ 두께로 펴준다. 틀에 깔 수 있는 정도의 굳기가 될 때까지 냉장고에서 30분~1시간 휴지시킨다.

❺ 틀에 느슨하게 깔아준다. 옆면의 반죽을 안쪽으로 접으면서 바닥의 각을 만들고, 조금 여유를 두고 반죽을 옆면에 붙인다.

* **큰 틀에 깔 때는…**
p.99의 '쉬크레 반죽을 타르트 틀에 깔기 ❹~❽'을 참조해주세요.

[하나쯤 있으면 편리해요]
바닥이 평평한 믹싱볼

스크래퍼로 버터를 잘게 자를 때는 바닥이 평평한 믹싱볼이 편리합니다. 없으면 바트ᵛᵃᵗ(바닥이 얕고 평평한 사각형 그릇)를 사용해도 좋아요.

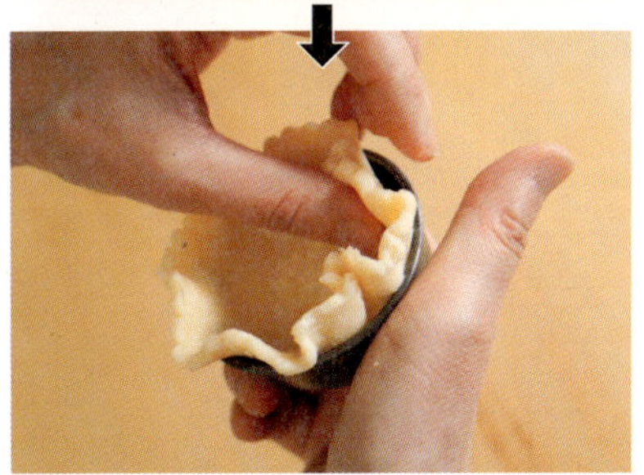

Lunettes
루네트

쌀가루로 만든 반죽은 수분이 있는 재료가 더해지면
눅눅해지기 쉬우니 잼은 먹기 직전에 발라주세요.

재료 (긴 지름 9cm, 짧은 지름 5cm인 타원형
　　　쿠키 5~6개 분량)

A │ 쌀가루…100g
　│ 버터…66g
　│ 분당…66g
　│ 소금…약간
　│ 레몬껍질(잘게 갈은 것)…½개 분량
달걀노른자…30g

＊ **마무리**
프랑부아즈 잼 혹은 취향의 잼…적당량
분당…적당량

준비

- 버터는 사방 1cm 크기의 정육면체로 자른다.
- 분당은 체 친다.
- 오븐은 180℃로 예열한다.

만드는 법

1　믹싱볼에 A를 넣고 스크래퍼 등으로
　버터가 3mm 정도의 크기가 될 때까지
　가늘게 자르며 섞은 후 손으로 문지
　르듯이 섞어준다.

2　달걀노른자를 넣어 섞고, 손으로 반
　죽을 뭉쳐 오븐시트 위에 올려 랩을
　씌운다. 밀대를 이용해 3mm 두께로
　밀어 편 다음 쿠키커터에서 반죽이
　잘 빠질 수 있게 냉장고에서 1~2시
　간 휴지시킨다.

3　쿠키커터로 반죽을 잘라낸 다음 그중
　반은 깍지 앞부분(지름 1cm) 등을 사
　용해서 2개씩 구멍을 뚫어준 후 오븐
　에서 10분 정도 굽는다.

4　식으면 구멍이 없는 반죽에는 잼을
　바르고 구멍이 있는 반죽에는 체 친
　분당을 뿌려 포갠다.

Biscuit de Savoie
비스퀴 드 사부아

구워져 나올 때는 반죽이 부풀어 있지만 시간이 지나면 가라앉습니다.
폭신폭신하고 가벼운 식감이 맛있는 과자랍니다.

재료 (지름 13cm, 용량 500㎖ 크기 1개)

달걀흰자…2개 분량
그래뉴러당…60g
달걀노른자…2개 분량
A | 쌀가루…45g
  | 콘스타치…10g
분당…적당량

준비

- 틀에 버터(분량 외)를 바르고 쌀가루(분량 외)를 체 쳐 바른 후 여분의 가루를 털어준다.
- A는 합쳐서 체 친다.
- 오븐은 180℃로 예열한다.

만드는 법

1 믹싱볼에 달걀흰자를 넣고 퍼 올렸을 때 걸쭉하게 흘러내리고, 흘러내린 자국이 바로 없어지는 정도까지 핸드믹서로 거품을 낸다. 그래뉴러당을 3~4회에 걸쳐 넣어주고, 그때마다 거품을 내어 뿔이 제대로 선 머랭을 만든다.

2 달걀노른자를 넣고 고무주걱으로 섞는다. 거기에 A를 체 치면서 더해 섞는다. 고무주걱을 바깥쪽에서 안쪽으로 퍼 올리면서 머랭의 거품이 꺼지지 않도록 섞는다.

3 반죽을 틀의 90%까지 채워 넣고, 작업대에 탁탁 내리쳐 공기를 뺀 다음 오븐에서 25분 정도 굽는다. 식으면 틀에서 빼내 분당을 체 쳐 뿌려준다.

◆ Point

폭신폭신한 식감을 좌우하는 건 머랭입니다.
달걀흰자 소량을 거품 낼 때는 사용하기 직전까지 달걀흰자를 냉장고에 넣어 차갑게 두면 제대로 된 거품이 납니다.

팽 드 젠

파트 다망드가 들어있어 아몬드의 풍미를 즐길 수 있습니다.
맛있는 파트 다망드를 만드는 요령은 손으로 섞는 것이랍니다.

재료 (지름 18㎝인 타르트 1개 분량)

달걀…2개
파트 다망드(로 마지팬)…110g
그래뉼러당…20g
럼주…1큰술
쌀가루…10g
버터…36g
아몬드 슬라이스…적당량

만드는 법

1 냄비에 버터를 넣어 녹인다.
2 믹싱볼에 달걀과 파트 다망드, 그래
   뉼러당을 넣고 뭉개듯이 손으로 섞는
   다. 파트다망드의 덩어리가 전체적
   으로 가늘어지고 매끄러워지면, 리
   본모양을 그릴 수 있을 정도로 찰기
   가 생길 때까지 핸드믹서로 거품을
   낸다.
3 럼주와 쌀가루 순서로 넣어 고무주걱
   으로 자르듯이 섞고, 40℃ 정도로 식
   힌 후 1번도 넣어 섞는다.
4 틀에 반죽을 흘려 넣고 오븐에서 10
   분, 180℃로 온도를 낮춰서 8분 정도
   더 굽는다. 식으면 틀에서 빼내 식히
   고, 분당(분량 외)을 체 쳐 뿌린다.

준비

• 틀에 버터(분량 외)를 발라 아몬드 슬라이스
  를 흩뿌린다.
• 쌀가루는 체 친다.
• 오븐은 200℃로 예열한다.

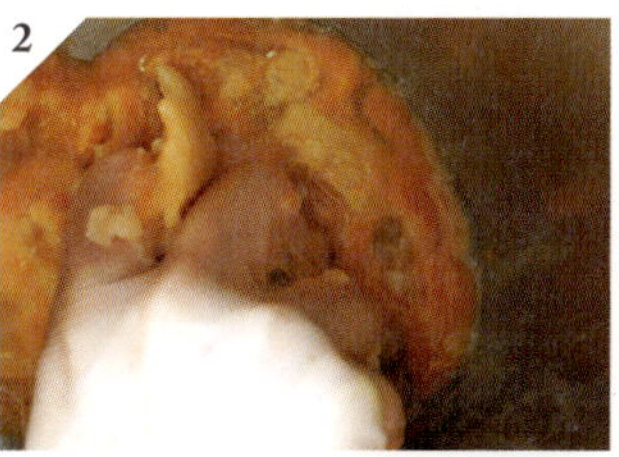

---

* 재료 메모

[파트 다망드]
아몬드와 설탕을 짓이겨 반죽한
로 마지팬을 말한다.

2장

프랑스 지방 과자

Pâtisserie régionale
française

프랑스 과자 기행

프랑스 지방에 전해지는 구움과자에는 그 지방에서만 내려오는 이야기가 있어요.
그 내용들을 알고 나면 과자가 더욱 맛있어진답니다.

※ 이 책에 등장하는 주요 지방 과자가 만들어진 지방 이름 등을 기재합니다. 현재 프랑스 행정 구분과는 다른 부분이 있음을 양해바랍니다.

가지각색 지방 과자에 대해서

프랑스의 각 지방에 가보면 파리에는 없는, 소박하지만 깊은 맛을 가진 과자가 많습니다. 각 지방의 사람들은 그 과자들을 개발하고 오랜 시간에 걸쳐 전수하면서 자긍심을 가지고 계속 만들어가고 있습니다. 왜냐하면 과자 하나하나가 그 지방을 이야기하는 문화이자, 역사이기 때문입니다.

프랑스 지방 과자가 생기게 된 데에는 몇 가지 원인이 있습니다. 그 대표적인 것이 토지의 특산물이지요. 가령 사과로 유명한 노르망디 지방에서는 사과 과자를 만들고, 버터가 맛있는 브르타뉴에서는 갈레트 브르통(p.52)이 태어났습니다. 그 외에 전쟁이나 침략, 외국과의 혼인 등에 의해 전해진 과자도 많습니다. 독일에 점령되었을 때 알자스 지방에서는 린처 토르테Linzer Torte(오스트리아의 린츠 지방의 명과)나 치즈 타르트가 만들어졌고, 이슬람의 침입을 받았던 남서부에서는 이슬람 과자에 사용하는 얇은 필로Phyllo(얇고 묽어서 잘 휘어지는 반죽)를 사용한 과자 크루스타드Croustade(파삭하게 튀긴 빵 혹은 파이 속에 고기를 채워 넣은 것)가 전해졌답니다. 부르고뉴 지방의 팡 데피스(p.66)는 플랑드르Flandre(벨기에 서부·네덜란드 남서부·프랑스 북부를 포함한 연안 지역) 여왕과의 혼인으로 전해지게 되었고요. 또, 혁명 후에는 수도원의 과자도 세상에 나왔는데 로렌 지방의 도시인 낭시에서 생겨난 마카롱, 리무쟁 지방의 르 크뢰수아(p.64), 아키텐 지방의 도시 보르도의 카늘레 드 보르도(p.34) 등입니다. 기독교를 배경으로 발전한 지방 과자도 있습니다. 12월 6일, 알자스 로렌 지방에서는 성 니콜라의 축일에 쿠키 계열인 팡 데피스를 먹고 프로방스 지방에서는 크리스마스에는 부쉬드노엘 대신 트레즈 데세르treize desserts(크리스마스 이브에 먹는 13가지 디저트)를 준비한다고 해요.

Bretagne
브르타뉴 지방

브르타뉴 지방은 원래 토지가 메말라 밀이 자라지 않은 탓에 식재료가 풍부하지 않았는데, 이슬람에서 메밀이 전해지면서 이것으로 크레이프를 만들게 됩니다. 그 후 19세기에 들어와서 철도가 개발되고 비료를 가져오면서 밀가루가 생산되어 밀가루 과자를 만들 수 있게 되었습니다. 그와 동시에 낙농도 발전했고요. 유제품을 넉넉히 사용한 갈레트 브르통이나 파르 브르통은 브르타뉴가 아니고는 맛볼 수 없지요. 이때 사용하는 버터는 가염버터일 경우가 많은데 브르타뉴는 프랑스에서 제일가는 소금의 생산지인 게랑드 Guérande(프랑스 서부에 위치한 천일염으로 유명한 도시)를 옆에 두고 있답니다. 미네랄이 풍부한 게랑드 소금을 버터에 섞어서 과자나 요리를 만들지요. 또한, 메밀가루로 만든 크레이프를 '갈레트'라고 부르는데요, 갈레트는 평평하고 둥그런 음식을 가리킵니다.

갈레트 브르통
» p.52

사과 파르 브르통
» p.54

Lorraine
로렌 지방

18세기 로렌 지방의 궁정에서 많은 과자가 고안되었어요. 궁정 밖 여러 마을에서 독특한 형식과 이야기를 가지고 계속 만들어지고 있는 과자가 몇 가지 있는데요, 그중 하나가 로리케트입니다. 로리케트는 로렌 지방의 르미르몽 Remiremont이란 마을에서 생겨났어요. 원래는 갈리아인의 종교적 배경 때문에 만들어진 것이라 그들이 의식을 행할 때 먹었다고 합니다. 하지만 그 후에는 수도원에서 지위가 높은 수녀들을 위해 만들어지게 되었다고 해요. 그래서 오늘날까지 그 만드는 방법이 전해지고 있는 거랍니다.

로리케트
» p.56

Aquitaine
아키텐 지방

대항해 시대에 스페인이 남미대륙에서 가져온 식재료 중의 하나인 옥수수가 스페인과 인접한 아키텐에 전해지게 된 데에는 그리 긴 시간이 걸리지 않았습니다. 지금도 옥수수는 이곳 땅에서 재배되고 푸아그라를 생산하기 위한 거위의 먹이가 되고 있지요. 또 고대 그리스에서는 거위의 사료로 무화과를 먹였다는 이야기도 있고요. 그 두 가지 재료를 사용해서 만든 과자가 갸토 마이스입니다. 또 아키텐 지방에 온천지가 있다는 걸 아시나요? 그곳이 다쿠아즈의 마을, 닥스 Dax입니다. 본고장의 다쿠아즈는 커다랗고 둥근 모양을 하고 있지요. 일본에서 만드는 작은 타원형의 다쿠아즈는 일본인이 생각해낸 모습으로 프랑스에는 존재하지 않아요.

갸토 마이스
» p.62

다쿠아즈
» p.60

Limousin
리무쟁 지방

리무쟁 지방의 과자로는 클라푸티^{clafoutis}(체리 위에 크레이프 반죽을 씌워 구워 낸 과자)가 유명한데요, 이 과자가 만들어진 것은 마침 그곳에 체리가 풍부했기 때문일지도 모릅니다. 리무쟁 지방에는 클라푸티 외에 내세울 만한 과자가 없었어요. 그런데 1696년에 크루즈 현에 있

는 쿠로 마을의 수도원에서 14세기에 만들어졌던 르 크뢰수아라는 과자의 레시피를 발견했습니다. 레시피에 "Cuit en tuile creuse(기와의 움푹 패인 곳에서 굽다)"라고 쓰여 있어서 이 과자를 크뢰수아^{creusois}라고 부르게 되었습니다.

르 크뢰수아
≫ p.64

Bourgogne
부르고뉴 지방

부르고뉴는 와인과 샤롤레 소고기, 머스터드가 맛있기로 유명한 지역입니다. 그곳에 갑자기 타국의 과자가 들어오게 되었어요. 14세기 이 지역이 부르고뉴 공국으로서 세력을 넓히고 있던 당시, 통치지였던 플랑드르 지방에서 왕녀가 시집올 때 가져온 팡 데피스가 바로 그것입니다.

팡 데피스는 본래 중국이 발상지인데 이렇게 혼인에 의해 프랑스에 전해지게 되었어요. 당시 부귀영화를 떠오르게 하는 수도, 디종^{Dijon}에 팡 데피스 전문점 '뮐로 에 프티장^{Mulot et Petitjean}'이 있답니다.

팡 데피스
≫ p.66

Midi-Pyrénées
미디 피레네 지방

해발 3,000m급의 산맥을 잇는 미디 피레네 지방의 수도는 붉은 지붕의 집이 늘어서 있어 '장밋빛 거리'라 불리는 툴루즈입니다. 그곳의 명물은 제비꽃 향이 나는 사탕입니다. 그리고 그 옆에 타룬^{Tarn} 주의 알비^{Albi}라는 도시는 화가 툴루즈 로트렉^{Henri de Toulouse-Lautrec}의 생가가 있는 곳으

로 알려져 있어요. 중세의 돌로 만든 길에 집과 상점들이 늘어서 있는 모습이 인상적인 곳이랍니다. 과자도 오래전부터 전해져오는 것이 많아요. 그중에 크로캉이라는 과자가 있는데 바삭바삭하다는 뜻으로 아몬드와 헤이즐넛을 씹는 느낌이 경쾌한 과자입니다.

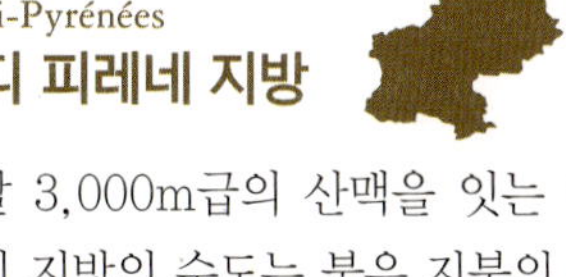

크로캉
≫ p.68

Pays-de-la-Loire
페이 드 라 루아르 지방

16세기 이후 '프랑스의 정원'이라 불리는 루아르 하천 지역에는 귀족들이 음악과 문학, 사냥을 즐길 수 있는 성이 여러 개 만들어졌어요. 그 루아르 강 하구에 있는 도시가 낭트^{Nantes}입니다. 일찍이 외국과

의 교역이 활발했던 낭트에는 식민지에서 만들어진 럼주가 운반되었는데, 그 럼주를 듬뿍 사용해서 만든 과자를 갸토 낭테라고 부른답니다.

갸토 낭테
≫ p.58

Galette bretonne
갈레트 브르통

바삭바삭한 식감에 버터가 많이 들어가 풍부한 맛의 과자.
쌀가루로 만들면 한결 가볍게 완성됩니다.

브르타뉴 지방

재료 (지름 6cm 약 12개 분량)

버터 … 120g

A   쌀가루 … 100g
　　분당 … 68g
　　메밀가루 … 30g
　　아몬드 파우더 … 24g
　　베이킹파우더 … 1g
　　소금 … 2g

달걀 … 30g

＊ 바르는 달걀
달걀노른자 … 약간

준비

- A는 다 같이 체 쳐서 믹싱볼에 넣고 식혀둔다.
- 버터는 작게 잘라서 상온에 둔다.
- 달걀노른자는 소량의 물(분량 외)에 풀어둔다.
- 오븐은 180℃로 예열한다.

만드는 법

1　믹싱볼에 버터와 A를 넣는다. 버터에 A를 묻히면서 스크래퍼 등으로 버터를 잘게 잘라준다.

2　버터가 팥알 정도의 크기가 되면 손가락으로 A와 버터를 같이 문지르면서 점점 잘게 만든다.

3　달걀을 넣어 손으로 섞은 다음 꾹꾹 누르면서 반죽을 뭉친다. 오븐시트 위에 올려놓고 랩을 씌워서 밀대로 5mm 두께가 되게 펴주고 반죽이 단단해질 때까지 냉장고에서 1~2시간 휴지시킨다.

4　지름 6cm 원형 틀로 잘라낸다.

＊ 원형 틀이 없으면 지름 6cm의 원 모양으로 자른다.

5　원형으로 잘라낸 반죽을 오븐시트를 깐 오븐 팬에 올려놓고 물에 푼 달걀노른자를 솔로 바른다. 나이프 끝으로 선을 그리고 오븐에서 15분 정도 굽는다.

◆ Point

만드는 법 1에서 사용하는 믹싱볼은 버터를 스크래퍼로 잘라가면서 섞기 때문에 바닥이 평평한 것(p.39 참조)이 편리해요. 바닥이 평평한 볼이 없을 경우에는 바트를 사용하면 좋습니다.

사과 파르 브르통

원래 파르 브르통에는 자두를 넣는 것이 정석이지만,
브르타뉴 지방의 특산물인 사과를 넣어도 맛있어요.

재료 (23cm×12cm 크기의 내열 유리 1개 분량)

달걀…2개
그래뉼러당…45g
쌀가루…65g
우유…180g
생크림…60g
바닐라 에센스…적당량
사과…1개
건포도…2큰술
버터…20g

만드는 법

1 믹싱볼에 달걀을 넣어 거품기로 풀고 그래뉼러당을 더해서 잘 저어 섞는다.

2 쌀가루를 체 치면서 더해 가볍게 섞는다.

3 냄비에 우유, 생크림을 데우고 바닐라 에센스를 더해준다. 이것을 2번에 2회에 걸쳐 넣어주고 그때마다 거품기로 섞어준다.

4 사과는 1cm 두께의 은행잎 모양으로 잘라서 틀에 늘어놓고 3번을 사과가 담긴 틀에 살살 흘려 넣은 다음 건포도를 뿌린다. 곳곳에 버터를 떼어 얹어주고 오븐에서 20분 정도 굽는다.

준비

• 틀에 버터(분량 외)를 얇게 바른다.
• 오븐은 200℃로 예열한다.

독특한 삼각형 모양이 특징인 과자입니다. 아몬드 향이 가득한
촉촉한 식감을 맛보면 안 먹고는 못 배길걸요.

로렌 지방

재료 (길이 10㎝의 로리케트 10개 분량)

달걀흰자…65g
분당…75g
벌꿀…10g
프라리네 페이스트(p.83 참조)…16g
아몬드 파우더…150g
쌀가루…25g

＊ 머랭

달걀흰자…126g
그래뉼러당…75g

＊ 장식

아몬드 슬라이스…적당량
분당…적당량
버터…20g

준비

• 틀에 버터(분량 외)를 꼼꼼히 바른다.
• 오븐은 180℃로 예열한다.

만드는 법

1 믹싱볼에 달걀흰자 65g을 넣고 거
품기로 풀고, 분당부터 순서대로 더
해 그때마다 고무주걱으로 골고루
섞는다.

2 다른 믹싱볼에 달걀흰자 126g을 넣
어 핸드믹서로 풀고, 그래뉼러당을
3~4회에 걸쳐 넣을 때마다 거품을
내어 뿔이 제대로 선 머랭을 만든다.

3 1번의 반죽에 2번 머랭 ⅓을 넣고
고무주걱으로 섞어 반죽을 매끈하
게 만든 다음, 남은 머랭을 2회에
걸쳐 더할 때마다 거품이 꺼지지 않
도록 섞어준다.

4 지름 1.5㎝ 깍지를 낀 짤주머니에
반죽을 넣고 오븐시트를 깐 오븐 팬
에 올린 틀에 짜 넣은 후. 아몬드 슬
라이스를 뿌린다. 180℃ 오븐에서
15분 정도 굽는다. 열이 식으면 틀
에서 빼내, 분당을 체 쳐 뿌려준다.

Gâteau nantais
갸토 낭테

럼주가 듬뿍 들어간 어른의 과자에요.
밀가루를 사용하지 않고 쌀가루로 만들어 더욱 촉촉하답니다.

재료 (지름 10㎝의 타르트 4개 분량)

＊ 낭테 반죽

버터…50g
그래뉼러당…60g
달걀…2개
A │ 아몬드 파우더…40g
  │ 쌀가루…40g
소금…한 꼬집
럼주…15g
레몬즙…20g

＊ 글라사주

분당…80g
럼주…8g
물…8g

준비

- 버터는 실온에 둔다.
- 달걀은 잘 풀어준다.
- 틀에 버터(분량 외)를 바르고 쌀가루(분량 외)를 체 쳐서 바른 후 여분의 가루를 털어내고 냉장고에서 식힌다.
- 오븐은 170℃로 예열한다.

만드는 법

1 낭테 반죽을 만든다. 믹싱볼에 버터를 담고 그래뉼러당을 3회에 걸쳐 더할 때마다 나무주걱으로 섞는다. 달걀을 3회 정도로 나누어 넣고 그때마다 섞는다. A를 체 치면서 넣어 고무주걱으로 잘 섞는다. 소금, 럼주, 레몬즙을 넣고 섞는다.

2 틀에 반죽을 넣고 오븐에서 25분 정도 굽는다.

3 식으면 틀에서 빼내 윗면의 부푼 곳은 잘라내고 윗면에 레몬즙을 바른다. 거꾸로 뒤집어서 나머지 면에도 레몬즙을 바른다.

4 글라사주를 만든다. 믹싱볼에 분당을 넣고 럼주와 물을 조금씩 더해주며 낭테 반죽의 표면에 바를 수 있는 굳기로 섞는다.

5 반죽이 식으면 4번 글라사주를 윗면에 바른다. 100℃ 오븐에 8분 정도 넣어 글라사주를 말린다. 취향에 맞게 드라이플라워나 식용 은가루를 입힌 잎(분량 외)으로 장식한다.

◆ Point

만드는 법 1번에서 반죽을 유화시키는 것이 포인트입니다. 그러니 버터는 실온에 두어 가능한 한 부드럽게 해두는 게 좋겠지요. 사람 체온 정도로 달걀이 따뜻해지면 유화시키기 쉬워집니다.

Dacquoise
다쿠아즈

프랑스에서 만드는 원래 다쿠아즈는 커다란 원형 과자에요.
입안에서 사르르 녹는 다쿠아즈 반죽에는 농후한 캐러멜 크림이 잘 어울립니다.

재료 (지름 18㎝의 원형 1개 분량)

＊ 다쿠아즈 반죽

달걀흰자…4개 분량

그래뉼러당…50g

A | 아몬드 파우더…72g
  | 분당…72g
  | 쌀가루…9g

분당…적당량

＊ 캐러멜 크림

그래뉼러당…60g

물…20g

생크림…40g

버터…90g

＊ 장식

럼주에 담근 건포도…3큰술

＊건포도를 뜨거운 물에 불려 물기를 빼고 병에 넣은 후 럼주를 건포도가 잠길 정도로 부어 반나절 이상 담가둔다.

분당…적당량

준비

- A는 합쳐서 체 친다.
- 생크림은 실온에 둔다.
- 지름 18㎝의 원을 그린 오븐시트를 2장 준비한다.
- 오븐은 200℃로 예열한다.

만드는 법

1 다쿠아즈 반죽을 만든다. 믹싱볼에 달걀흰자를 넣고 퍼 올렸을 때 걸쭉하게 흘러내리고, 흘러내린 자국이 바로 없어지는 정도까지 핸드믹서로 거품을 낸다. 그래뉼러당을 3회로 나누어 넣을 때마다 거품을 내어 뿔이 제대로 선 머랭을 만든다.

2 A를 2회에 걸쳐 체 치면서 넣어주고 바깥쪽에서 안쪽으로 퍼 올리면서 머랭의 거품이 꺼지지 않도록 주의하며 고무주걱으로 섞는다.

3 지름 1.5㎝짜리 원형 깍지를 끼운 짤주머니에 반죽을 넣어 준비한 오븐시트에 소용돌이 모양으로 2장 짜낸다.

4 3을 오븐 팬 위에 올려놓고 반죽 표면에 분당을 체 쳐 뿌린다. 2분 후에 분당을 다시 한 번 더 뿌린다. 오븐에서 15분 정도 굽는다.

5 캐러멜 크림을 만든다. 냄비 바닥을 분량의 물로 적시고 그래뉼러당을 넣어 끓인다. 다갈색이 되면 불에서 내리고 생크림을 조금씩 더하면서 섞는다. 다시 불에 올려 전체적으로 매끄러워지면 불에서 내려 버터를 조금씩 넣어 나무주걱으로 섞어 녹인다. 믹싱볼에 옮겨 담고 얼음물로 식히면서 굳기를 조절한다.

6 완성한다. 다쿠아즈 반죽 한 장의 뒤쪽에 만들어 놓은 캐러멜 크림을 팔레트 나이프로 바르고 럼주에 담근 건포도를 뿌려준다. 남은 다쿠아즈 반죽을 구운 쪽을 위로 가게 해서 얹고 분당을 체 쳐준다.

갸토 마이스

마이스는 '옥수수'를 뜻하는데, 쌀가루와 어우러져
소박한 맛으로 구워지지요. 말린 과일이 잘 어울려요.

아키텐 지방

재료 (18cm×6cm×8cm의 파운드 1개 분량)

달걀…2개
그래뉼러당…70g
A | 쌀가루…80g
   옥수수 가루…60g
   베이킹파우더…2g
말린 무화과…3〜4개
말린 자두…4〜5개
버터…80g
벌꿀…20g

만드는 법

1 작은 냄비에 버터와 벌꿀을 넣고 불
위에 올려 녹인다.

2 믹싱볼에 달걀을 넣어 핸드믹서로
풀고 그래뉼러당을 더해 중탕하면서
핸드믹서로 거품을 낸다. 사람 체
온보다 살짝 따뜻해지면 중탕을 멈
추고 리본 모양을 그렸을 때 모양이
나타날 정도로 다시 거품을 내준다.

3 A를 체 치고 고무주걱으로 잘 섞어
준 후에 말린 무화과와 말린 자두를
넣어 섞는다.

4 1번을 더해 섞고 틀에 흘려 넣어 오
븐에서 50분 정도 굽는다.

준비

• A는 합쳐서 체 친다.
• 말린 무화과와 말린 자두는 1cm 크기로 자른다.
• 틀에 오븐시트를 깔아준다.
• 오븐은 170℃로 예열한다.

르 크뢰수아

감칠맛 있는 헤이즐넛의 풍미를 느낄 수 있어요.
심플한 재료로 만들 수 있어서 좋은 구움과자입니다.

리무쟁 지방 Le creusois

재료 (지름 18㎝의 타르트 1개 분량)

버터…60g
그래뉼러당…100g
달걀흰자…75g
A | 헤이즐넛 파우더…50g
  | 쌀가루…60g
통 헤이즐넛…적당량

준비

- 버터는 실온에 둔다.
- A는 합쳐서 체 친다.
- 틀에 버터(분량 외)를 바르고 쌀가루(분량 외)를 체 쳐서 넣은 후 여분의 가루를 털어주고 냉장고에서 식힌다.
- 헤이즐넛은 대충 자른다.
- 오븐은 200℃로 예열한다.

만드는 법

1 믹싱볼에 버터를 넣고 그래뉼러당 50g을 2~3회에 걸쳐 넣을 때마다 거품기로 잘 섞어준다.

2 다른 믹싱볼에 달걀흰자를 넣어 핸드믹서로 풀고, 남은 그래뉼러당 50g을 3회에 걸쳐 더할 때마다 거품을 내어 뿔이 제대로 선 머랭을 만든다.

3 1번에 머랭 ⅓, A의 반, 남은 머랭의 반, 남은 A, 남은 머랭의 순서대로 넣어주고 그때마다 거품이 꺼지지 않도록 고무주걱으로 잘 섞어준다.

4 3번을 틀에 넣고 중앙을 살짝 패이게 만든다. 헤이즐넛을 표면에 뿌리고 오븐에서 20분 정도 굽는다. 식으면 틀에서 빼내 분당을 체 쳐 뿌린다.

◆ Point

머랭의 온도가 낮으면 1번과 잘 섞이지 않으므로 달걀흰자는 거품내기 조금 전에 냉장고에서 꺼내둡니다.

Pain d'épices
팡 데 피 스

'향신료 빵'을 의미하는 팡 데피스는 딱딱한 식감에 소박한 맛이 있는 과자로 향신료의 향이 살아 있습니다. 표면에 글라사주를 바른 덕에 모든 풍미가 입안에서 합쳐진답니다.

재료 (15cm×8cm×5cm 파운드 1개 분량)

*** 반죽**

벌꿀…120g

달걀…30g

수수 설탕…70g

* 없으면 그래뉼러당을 사용해도 괜찮아요.

버터…30g

시나몬, 너트메그, 클로브 등 취향의 향신료…
합쳐서 1작은술

오렌지필…30g

레몬필…20g

A | 쌀가루…70g
　 | 콩가루…30g
　 | * 없으면 쌀가루 양을 늘린다.
　 | 베이킹파우더…5g

*** 글라사주**

분당…60g

우유…15～20g

준비

- A는 합쳐서 체 친다.
- 오렌지필과 레몬필은 잘게 썬다.
- 틀에 오븐시트를 깔아준다.
- 오븐은 180℃로 예열한다.

만드는 법

1 반죽을 만든다. 작은 냄비에 버터를 넣고 불에 올려 녹인다.

　 * 벌꿀이 결정화되었을 때는 같이 녹인다.

2 믹싱볼에 벌꿀, 달걀, 수수 설탕, 40℃ 정도로 식힌 1번을 순서대로 더하고 그때마다 거품기로 섞는다.

3 향신료를 더해 섞고 오렌지필과 레몬필을 더해서 섞는다.

4 A를 더해 고무주걱으로 섞는다. 틀에 흘려 넣고 오븐에서 약 45분 정도 굽는다.

5 글라사주를 만든다. 믹싱볼에 분당을 넣고 우유를 조금씩 더해 섞어 표면에 바를 수 있는 농도로 만든다.

6 4번 반죽이 뜨거울 동안 틀에서 빼내서 식히고 5번 글라사주를 바른다. 취향에 따라 시나몬 스틱이나 팔각Star Anise(분량 외)을 장식하고 실온에서 글라사주를 건조한다.

Croquants
크로캉

아삭아삭한 식감이지만 입안에서는 사르르 부서집니다.
견과류의 고소한 향이 가득한, 중독성 있는 맛이지요.

미디 피레네 지방

재료 (지름 9~10㎝ 크기 약 20개 분량)

달걀흰자…50g
그래뉼러당…200g
쌀가루…50g
통 아몬드…40g
통 헤이즐넛…40g
아몬드 에센스…적당량

준비

- 아몬드와 헤이즐넛은 대충 자른다.
- 오븐은 210℃로 예열한다.

만드는 법

1 믹싱볼에 달걀흰자를 넣어 거품기로
  풀어주고 그래뉼러당을 더해 빙글빙
  글 저으며 섞는다.
2 쌀가루를 더해 섞고 견과류와 아몬
  드 에센스를 넣어 고무주걱으로 섞
  는다.
3 오븐시트를 깐 오븐 팬에 2번 반죽
  을 스푼 등으로 얹어주고 지름 약 5
  ㎝의 원형으로 얇게 펴준다.
4 오븐에서 8~10분 정도 굽는다.

✳ **재료 메모**

[아몬드 에센스]
아몬드에서 추출한 에센스.
아몬드 향을 입히고 싶을 때 사용해요.

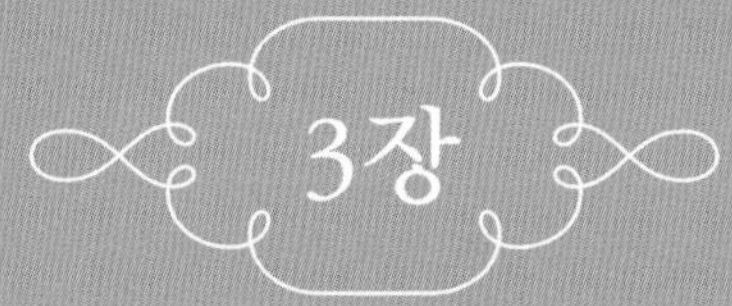

티타임 과자

Gâteaux pour
l'heure du thé

티타임 과자

어른의 티타임에 어울리는 과자를 소개할게요.
홍차나 커피에 맛있는 프랑스 과자를 곁들이면서 여유로운 시간을 보내보세요.

Montecao
몬테카오 » p.76

Diamants
디아망 » p.76

Galette au Maquiberry
마키베리 갈레트 » p.77

Cookies aux noix et au chocolat
호두와 초콜릿 쿠키 » p.77

La Rose
라 로즈 » p.78

Friand aux noisettes
헤이즐넛 프리앙 » p.80

Succès
쉭세 » p.82

Biscuits de champagne
비스퀴 드 샹파뉴 » p.84

Sablés aux raisins
건포도 사블레 » p.86

◈ 프랑스의 티타임

프랑스에서도 우아하게 티타임을 가질 수 있는 때는 주말 정도랍니다. 쉬는 날에는 아무것도 하지 않는다는 파리지앵이지만, 일요일 오후에는 직접 만든 케이크를 준비해서 친구나 연인과 함께 티타임을 즐기지요. 그런데 대중이 그런 티타임을 즐길 수 있게 된 것은 그리 오래된 일이 아닙니다. 18세기에 프랑스 혁명이 발발하면서 티타임의 주인공이었던 왕후 귀족이 쇠퇴하고 상인들이 대두하게 되었습니다. 그들을 부르주아라고 불렸는데, 귀족 흉내를 내며 우아한 생활을 즐겼지요. 그런 부르주아 계급의 여성들이 남성들을 빼놓고 즐기던 것이 조그만 과자를 집어먹으며 차와 대화를 즐기는 티타임이었답니다. 그곳에서 먹는 자그마한 구움과자를 통칭해서 프리앙friand이라고 불렀습니다.

◈ 티타임에 먹고 싶은 과자

제가 남프랑스 뤼베롱Luberon 주변을 여행했을 때에 만난 몬테카오(p.76)를 티타임 과자로 추천하고 싶어요. 이 과자가 생겨난 곳은 이슬람이지만 지금은 프랑스에서도 흔히 볼 수 있게 되었답니다. 본래 바사삭 부서지는 식감인데 쌀가루를 사용하면 씹는 맛이 더욱 섬세해지지요. 또 남미산 과일 중에 폴리페놀과 비타민 류가 풍부하게 들어있는 슈퍼 푸드인 마키베리를 넣은 쿠키(p.77)도 몬테카오와 모양은 다르지만 식감이 비슷해서 커피와 궁합이 잘 맞는 구움과자랍니다. 비스퀴 드 샹파뉴(p.84)는 홍차계의 샴페인이라 불리는 품질 좋은 다르질링과 같이 드셔보면 어떨까요? 디아망(p.76)이나 건포도 사블레(p.86), 쉭세(p.82)는 부르주아의 티타임을 떠오르게 하는 클래식한 모양의 과자입니다.

최근 파리에서는 스타벅스 같은 미국계 카페도 젊은이들에게 인기가 많아요. 그런 미국 분위기를 느끼고 싶을 때 호두와 초콜릿 쿠키(p.77)나 장미꽃 모양의 구움과자인 라 로즈(p.78)를 입 안 가득 넣으면 캐주얼한 티타임을 즐길 수 있어요.

몬테카오
디아망

호두와 초콜릿 쿠키
마키베리 갈레트

Montecao 몬테카오

재료를 섞기만 하면 끝! 놀랄 만큼 간단해요.
바삭바삭하고 사르륵 녹는 식감이 맛있어요.

재료 (지름 3㎝ 크기 12개 분량)

A | 쌀가루…100g
  | 베이킹파우더…5g
  | 아몬드 파우더…13g
  | 분당…30g
샐러드유…75g
* 올리브유나 태백 참기름도 괜찮아요.
바닐라 에센스…약간
시나몬 파우더…적당량

준비

• 오븐은 230℃로 예열한다.

만드는 법

1 믹싱볼에 A를 체 쳐 넣어 섞고 샐러드유,
  바닐라 에센스를 넣어 손으로 섞는다.
  * 샐러드유는 반죽의 굳기에 따라 양을 조절한다.

2 지름 3㎝의 경단 모양으로 둥글게 만들어
  오븐시트를 깐 오븐 팬에 늘어놓고 가볍게
  누른 후 시나몬 파우더를 올린다.

3 오븐에서 10분 정도 굽고, 180℃로 온도를
  낮춰서 15분 더 굽는다.

Diamants 디아망

프랑스 기본 쿠키에요.
푸드 프로세서가 없어도 재료를 섞기만 하면 OK!

재료 (지름 3㎝ 크기 약 14개 분량)

* 반죽
버터…60g
쌀가루…75g
아몬드 파우더…10g
분당…20g
소금…약간
우유…8g
바닐라 에센스…약간

* 마무리
달걀흰자…적당량
그래뉼러당…적당량

준비

• 버터는 2㎝ 크기로 자른 후 실온에
  둔다.
• 오븐은 180℃로 예열한다.

만드는 법

1 반죽을 만든다. 푸드 프로세서 용기에 우유
  이외의 재료를 넣고 휘저어 섞는다. 보슬보
  슬해졌을 때 우유를 더해 휘저어 섞는다.
  반죽을 작업대 위에 올려놓고 손으로 한 덩
  어리가 되게 뭉쳐준다.

2 랩으로 싸서 냉장고에서 10분 정도 휴지시
  킨 다음 지름 3㎝ 정도의 원통 모양으로 펴
  준다. 랩으로 싸서 자르기 쉬운 굳기가 될
  때까지 냉장고에서 2시간 이상 반죽을 휴
  지시킨다.

3 꺼낸 반죽 주변에 솔로 달걀흰자를 바른다.
  바트에 그래뉼러당을 펼쳐서 이 위에 반죽
  을 굴리면서 그래뉼러당을 묻히고 1㎝ 폭으
  로 자른다.

4 오븐시트를 깐 오븐 팬에 올려놓고 오븐에
  서 20분 정도 굽는다.

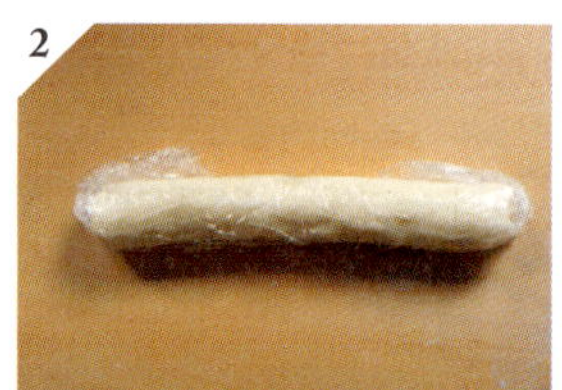

Cookies aux noix et au chocolat Yukiko 오리지널

호두와 초콜릿 쿠키

미국풍 쿠키입니다.
콩비지 가루로 고소하게 마무리했어요.

재료 (7~8㎝ 크기 약 16개 분량)

버터…62g
그래뉼러당…90g
소금…한 꼬집
달걀…25g
바닐라 에센스…적당량
쌀가루…90g
콩비지 가루…20g
＊없으면 쌀가루 양을 늘린다.
초콜릿…50g
호두…50g

준비

• 달걀과 버터는 실온에 둔다.
• 초콜릿과 호두는 잘게 자른다.
• 오븐은 180℃로 예열한다.

만드는 법

1 믹싱볼에 버터를 담고 그래뉼러당을 3회에 걸쳐 넣을 때마다 나무주걱으로 버터와 잘 섞어준다.
2 소금을 더해 섞고 달걀을 3~4회에 나누어 더할 때마다 섞는다. 바닐라 에센스, 쌀가루, 콩비지 가루를 더해 고무주걱으로 잘 섞어준다. 초콜릿과 호두를 넣어 고무주걱으로 섞는다.
3 반죽 2큰술 정도를 손으로 집어서 둥글게 만든다. 오븐시트를 깐 오븐 팬에 올려놓는다. 지름 4㎝가 되도록 손으로 눌러 펴주고 오븐에서 15분 정도 굽는다.

Galette au Maquiberry Yukiko 오리지널

마키베리 갈레트

슈퍼푸드로 인기 있는 마키베리가 들어간 오드득 오드득 쿠키에요.

재료 (7㎝ 크기 15개 분량)

쌀가루…100g
태백 참기름…65g
＊올리브유나 샐러드유도 괜찮아요.
마키베리 파우더…13g
그래뉼러당…36g
달걀…16g
흰 참깨…1작은술

준비

• 오븐은 200℃에서 예열한다.

만드는 법

1 푸드 프로세서 용기에 재료를 전부 집어넣고 휘저어 섞는다. 믹싱볼에 옮겨 담아 손으로 반죽하며 섞는다.
2 잘 뭉쳐졌으면 오븐시트에 반죽을 올려놓고 랩을 덮어 밀대로 두께 3㎜의 직사각형 모양으로 펴준다.
3 시트째로 오픈 팬에 얹어 오븐에서 20분 정도 굽는다. 뜨거울 동안 3×3㎝ 마름모꼴로 자른다.

＊ 재료 메모

[마키베리 파우더]
마키베리는 항산화 작용이 높은 과일로 체리 등에 자생합니다.
구움과자를 만들 때는 사용하기 쉬운 파우더 형태를 추천해요.

La Rose
라 로즈

프랑스의 정수로 가득 찬 반죽을
미국에서 구해온 장미 모양 틀에 구워봤습니다.

재료 (지름 5㎝의 장미 모양 12개 분량)

＊ 반죽

버터…120g
그래뉼러당…120g
달걀…2개
식용색소(붉은색)…적당량
장미수…적당량
소금…한 꼬집
A｜쌀가루…120g
　｜베이킹파우더…한 꼬집

＊ 글라사주

분당…100g
물…20g
소량의 물에 푼 식용색소(붉은색)…적당량

준비

• 버터와 달걀은 실온에 두고, 달걀은 잘 푼다.
• 틀에 버터(분량 외)를 바르고 쌀가루(분량 외)를 체 쳐 여분의 가루를 턴 후 냉장고에서 식혀준다.
• 오븐은 170℃로 예열한다.

만드는 법

1 반죽을 만든다. 믹싱볼에 버터를 넣고 거품기로 공기를 넣어가며 섞는다. 그래뉼러당과 달걀 순서로 각각 3~4회 나누어 넣을 때마다 섞는다. 식용색소, 장미수, 소금도 넣고 섞는다.

2 A를 체 쳐 넣고 고무주걱으로 잘 섞는다. 원형 깍지를 끼운 짤주머니에 반죽을 넣어 틀에 짜고 탁탁 내리쳐서 공기를 뺀 후 오븐에서 20~25분 정도 굽는다.

3 믹싱볼에 분당과 식용색소를 넣고 물을 조금씩 더해가며 섞는데, 갓 구워진 반죽에 바를 수 있는 정도의 굳기로 글리사주를 만든다.

4 2번이 뜨거울 때 3번을 발라 식힌다.

＊ 재료 메모

[장미수]
장미꽃의 봉오리를 끓여서 증류한 물로 별명은 로즈워터에요. 중근동 지역에서는 몸에 좋다고 알려져 있어요.

헤이즐넛 프리앙

'작은 과자'를 의미하는 프리앙은
어떤 모양의 틀에 구워도 좋아요.

재료 (4.5㎝×8.5㎝의 피낭시에 10개 분량)

＊ 반죽

달걀흰자…115g

그래뉼러당…100g

A ｜ 쌀가루…50g
｜ 코코아 파우더(무당)…15g

통 헤이즐넛…40g

버터…85g

＊ 마무리

분당…적당량

만드는 법

1 작은 냄비에 버터를 넣고 불 위에 올려 녹인다.

2 믹싱볼에 달걀흰자와 그래뉼러당을 넣어 거품기로 섞어준다.

3 A를 넣어 고무주걱으로 섞다 헤이즐넛을 더해 섞는다.

4 1번을 40℃ 정도로 식혀 반죽에 부어 섞는다.

5 원형 깍지를 끼운 짤주머니에 반죽을 넣고 틀의 90%까지 채운 후 오븐에서 14분 정도 굽는다. 식으면 틀에서 빼내 분당을 체 쳐 뿌려준다.

준비

• 헤이즐넛은 230℃ 오븐에서 4분 정도 굽고 껍질을 벗겨 잘게 잘라둔다.

• A는 합쳐서 체 친다.

• 틀에 버터(분량 외)를 바르고 쌀가루(분량 외)를 체 쳐 여분의 가루를 턴 후 냉장고에서 식혀준다.

• 오븐은 200℃로 예열한다.

◈ Point

녹인 버터를 넣어 잘 섞어주세요. 글루텐 프리인 쌀가루는 섞어도 끈적이지 않으니 어떤 방법으로 섞든 괜찮아요. 부풀지 않는 반죽이니, 틀에 가득 반죽을 넣어도 괜찮습니다.

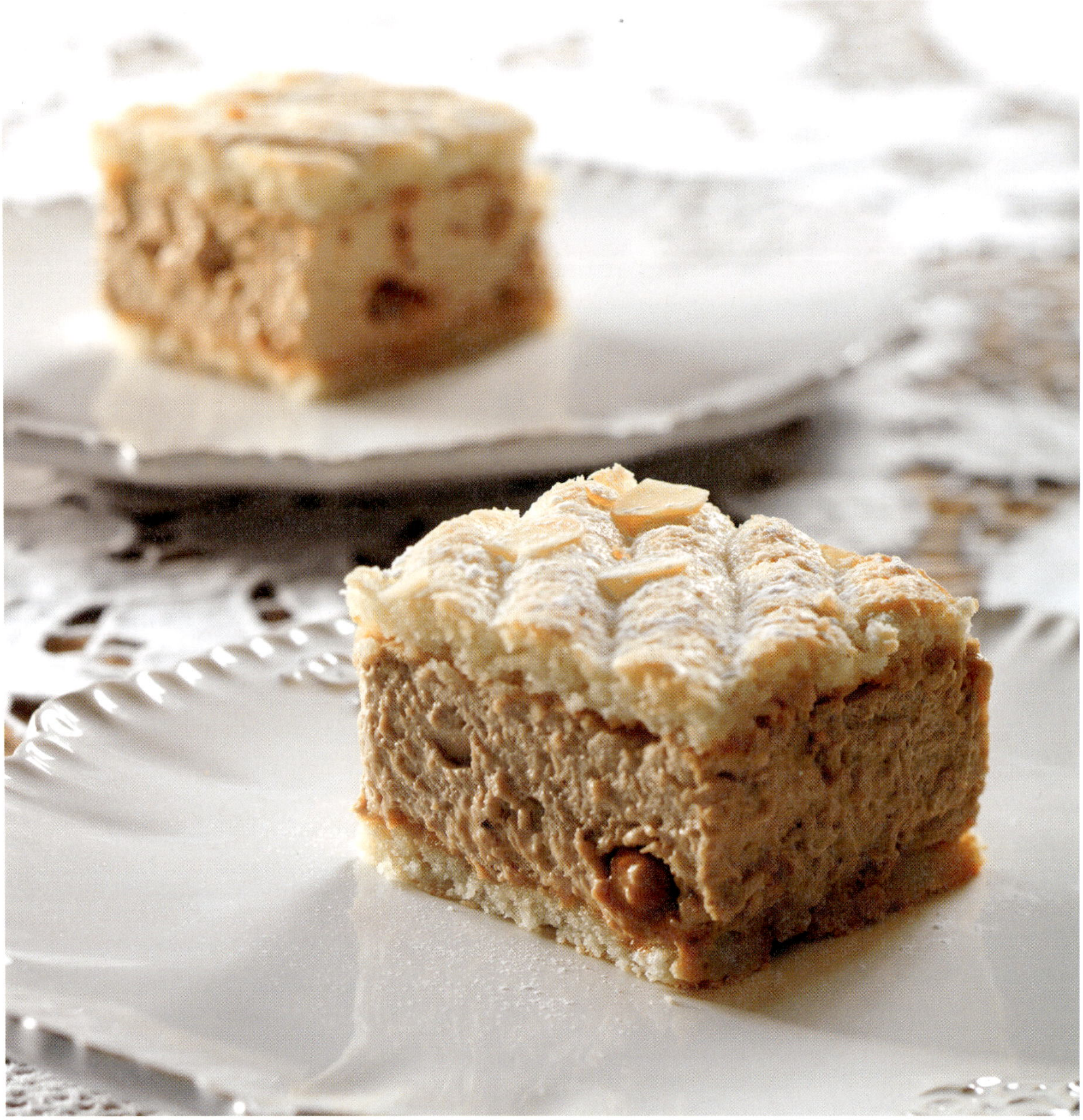

Succès

쉭세

가벼운 식감의 쉭세 반죽 사이에 플라리네 크림을 넣어보았어요.
카라멜리제 한 헤이즐넛이 식감의 포인트가 되어주지요.

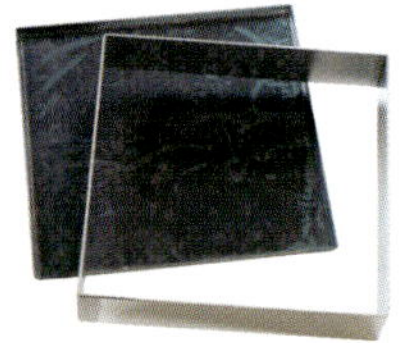

재료 (18cm×18cm 크기 1개 분량)

* 쉭세 반죽
달걀흰자···4개 분량
그래뉼러당···20g
A | 아몬드 파우더···120g
   | 분당···100g
   | 쌀가루···10g
분당···적당량
아몬드 슬라이스···적당량

* 헤이즐넛 카라멜리제
그래뉼러당···40g
물···약간
통 헤이즐넛···60g

* 플라리네 크림
생크림···340g
분당···30g
플라리네 페이스트···45g
가루 젤라틴···4g

준비

- A는 합쳐서 체 친다.
- 사방 18cm 정사각형 모양을 그린 오븐시트를 2장 준비한다.
- 오븐은 180℃로 예열한다.
- 내열용기에 가루 젤라틴과 물(분량 외)을 1대 4의 비율로 넣어서 불린 후 중탕해서 젤라틴을 녹인다.

* 재료 메모
[플라리네 페이스트]
구운 아몬드나 헤이즐넛과 설탕을 롤러로 갈아서 페이스트 상태로 만든 것.

만드는 법

1. 쉭세 반죽을 만든다. 믹싱볼에 달걀흰자를 넣고 퍼 올렸을 때 걸쭉하게 흘러내리고, 흘러내린 자국이 바로 없어지는 정도까지 핸드믹서로 거품을 낸다. 그래뉼러당을 3회에 나누어 더할 때마다 거품을 내어 뿔이 제대로 선 머랭을 만든다.

2. A를 더해 고무주걱으로 섞는다.

3. 지름 1.5cm의 원형 깍지를 끼운 짤주머니에 반죽을 넣고 오븐시트 위에 비스듬히 2장 짠다. 1분 간격으로 2회에 걸쳐 분당을 체 쳐 뿌리고 1장에 아몬드 슬라이스를 뿌린다. 오븐에서 18분 정도 굽는다.

4. 헤이즐넛 카라멜리제를 만든다. 냄비에 그래뉼러당과 물을 넣어 캐러멜색이 될 때까지 끓인 후 헤이즐넛을 넣어 묻히고 오븐시트 위에 얹는다. 식은 다음에 대충 자른다.

5. 플라리네 크림을 만든다. 믹싱볼에 생크림과 분당, 플라리네 페이스트를 넣고 크림을 퍼 올렸을 때 부드러운 뿔이 서 있고 시간이 지나면 조금 아래로 처지는 상태까지 거품을 낸다. 여기에 4번 헤이즐넛 카라멜리제와 녹인 젤라틴을 더해 섞는다.

6. 완성한다. 3번 쉭세 반죽의 오븐시트를 벗겨서 틀의 크기에 맞도록 2장 자른다. 틀의 바닥에 아몬드를 뿌리지 않은 쉭세 반죽을 깔고 5번의 플라리네 크림을 넣고 고무주걱으로 평평하게 만든다. 아몬드를 뿌린 쉭세 반죽을 아몬드를 위로 가게끔 해서 겹치고 냉장고에서 2시간 이상 굳힌다. 틀에서 꺼내 분당(분량 외)을 체 쳐 뿌려준다.

Biscuits de champagne
비스퀴 드 샹파뉴

샴페인의 산지로 유명한 샹파뉴 지방의
샴페인에 적셔 먹는 전통이 있는 어른의 과자입니다.

재료 (15개 분량)

달걀흰자…2개 분량
그래뉼러당…90g
달걀노른자…2개 분량
바닐라에센스…적당량
식용색소(붉은 색)…적당량
쌀가루…80g

준비

- 식용색소는 소량의 물(분량 외)로 풀어둔다.
- 오븐은 180℃로 예열한다.

만드는 법

1 믹싱볼에 달걀흰자를 넣고 퍼 올렸
을 때 걸쭉하게 흘러내리고, 흘러내
린 자국이 바로 없어지는 정도까지
핸드믹서로 거품을 낸다. 그래뉼러
당을 3회에 걸쳐 더해주고, 그때마
다 거품을 내어 뿔이 제대로 선 머랭
을 만든다.

2 달걀노른자, 바닐라 에센스, 식용색
소를 더하고 고무주걱으로 섞는다.

3 쌀가루를 더하고 고무주걱을 바깥
쪽에서 안쪽으로 퍼 올리면서 머랭
의 거품이 꺼지지 않도록 섞는다.

4 지름 1.5㎝의 원형 깍지를 끼운 짤
주머니에 반죽을 넣고 오븐시트를
깐 오븐 팬에 굵기 2㎝, 길이 10㎝
로 짠다.

5 표면에 그래뉼러당(분량 외)을 체
쳐서 뿌리고 2분 간격으로 한 번 더
뿌린다. 오븐에서 11분 정도 굽고
오븐을 끄고 그대로 30분 정도 넣어
두어 건조한다.

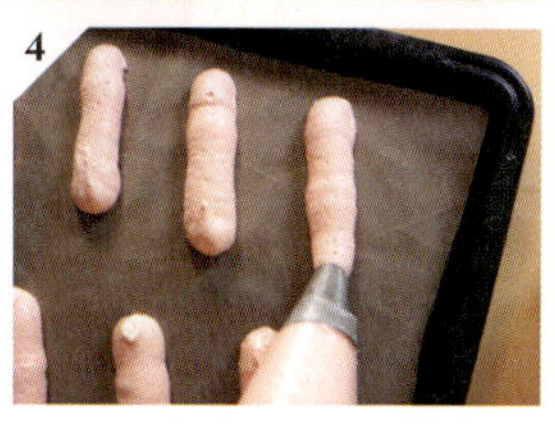

◈ Point

아삭 바삭한 식감은 머랭이 좌우합니다. 모
처럼 친 머랭의 거품이 꺼지지 않게 쌀가루
를 넣어서 잘 섞어봅시다.

건포도 사블레

한층 더 개성 있게 만들기 위한 배합으로
아삭하고 바삭한 느낌이 뛰어나지요.

재료 (지름 3㎝ 크기 약 20개 분량)

✳ 사블레 반죽

버터…55g
분당…33g
달걀…22g
바닐라 에센스…적당량
쌀가루…83g

✳ 장식

건포도…약 20개

준비

- 버터는 실온에 둔다.
- 오븐은 180℃로 예열한다.

만드는 법

1 믹싱볼에 버터를 넣고 분당을 3회로
   나누어 더할 때마다 나무주걱으로
   섞는다. 달걀을 3회에 걸쳐 나누어
   넣을 때마다 섞는다.

2 바닐라 에센스와 쌀가루를 넣고 전
   체적으로 꼼꼼히 고무주걱으로 섞
   어준다.

3 별모양 깍지를 끼운 짤주머니에 2
   번 반죽을 넣고 오븐시트를 깐 오븐
   팬에 지름 2.5㎝ 정도로 둥글게 짜
   준다. 짜낸 반죽의 한가운데에 건포
   도를 1개씩 얹고 건포도를 반죽에
   살짝 세게 눌러 붙인다. 오븐에서
   13~14분 정도 굽는다.

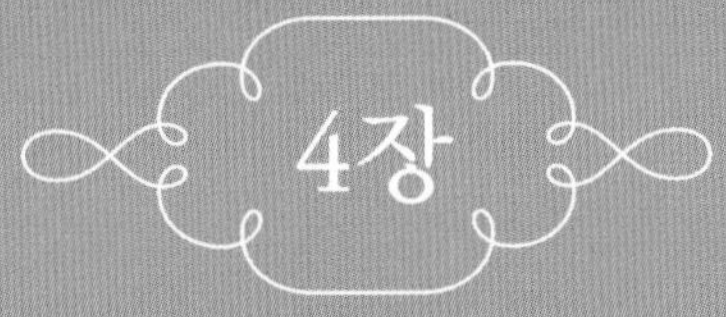

구테 goûter 시간의 과자

Gâteaux pour l'heure
du goûter

구테에 먹는 과자

프랑스에서 '간식'이라고 하면 부모가 손수 만들어주는 것을 생각합니다.
프랑스 가정에서 자주 먹는 간식을 소개합니다.

Tarte aux cerises

체리 타르트 ≫ p.92

Tarte aux pêches

복숭아 타르트 ≫ p.94

Tarte à l'ananas

파인애플 타르트 ≫ p.96

Moëlleux au chocolat

무왈르 오 쇼콜라 ≫ p.100

Génoise à la confiture

제누아즈 아 라 콩피튀르 ≫ p.102

Gâteau classique au chocolat

갸토 클래식 오 쇼콜라 ≫ p.104

Grenoble

호두와 초콜릿 파운드 케이크 ≫ p.106

◈ 구테 시간

'구테'란 '간식'을 말합니다. 간식은 주로 아이들의 것이죠! 프랑스 아이들은 학교에서 돌아오면 제일 먼저 부엌 찬장을 여는데, 거기에는 여러 종류의 쿠키 상자와 부모가 직접 만든 과자가 들어있답니다. 그런데 프랑스 거리를 걷다 보면 간식이 아이들만의 것이 아님을 알게 됩니다. 제과점이나 쇼콜라티에서 무게를 달아 파는 과자나 봉봉 쇼콜라를 산 후 가게를 나오자마자 입 안 가득 집어넣는 어른들의 모습을 몇 번이나 목격했거든요. 혹은 아이들을 학교에 보낸 뒤 혼자 제과점의 티 살롱에서 신문을 읽으면서 마들렌을 양볼 가득 집어넣은 부모들의 모습도 봤고요. 구테는 그런 어른들의 비밀스러운 즐거움이기도 합니다.

◈ 구테로 먹고 싶은 간식

손수 만든 간식의 대표는 타르트입니다. 요리에 익숙하지 않은 부모라도 시장에서 사온 제철 과일을 사용하면 순식간에 맛있는 타르트를 만들 수 있답니다. 아이들은 그런 과일 타르트를 먹으며 계절감을 느끼고 한층 자라나는 거지요. 체리 타르트(p.92)와 복숭아 타르트(p.94)를 드셔보세요. 또 아이들이 정말 좋아하는 간식으로 초콜릿 케이크를 빼놓을 수 없지요. 초콜릿 케이크를 만들기 시작하면 그 마법의 향기에 이끌려 여기저기에서 아이들이 모여들어 믹싱볼에 남아있는 초콜릿을 서로 빼앗곤 합니다. 초콜릿 케이크에는 각자의 집안에서 대대로 전해지는 레시피가 있기 마련입니다. 제 파리지앵 친구는 할머니께 배운 초콜릿 케이크를 맛보게 해주었습니다. 그것이 갸토 클래식 오 쇼콜라(p.104)랍니다. 그리고 세월을 뛰어넘어 사랑받는 간식이 자기 집에서 만든 잼을 바른 스펀지케이크인 제누아즈 아 라 콩피튀르(p.102)입니다. 레시피는 부르고뉴 지방 지인의 할머니로부터 배웠다고 해요. 핸드메이드 잼이 가득 늘어서 있던 저장고는 정말 압권이었습니다.

Tarte aux cerises
체리 타르트

프랑스인은 타르트를 좋아해요! 체리가 맛있는 계절에 자주 만드는 인기 타르트랍니다.
아삭아삭하게 구워진 슈트로이젤^{Streusel}(구워 만든 과자의 표면에 뿌리는 소보로)이 식감
의 포인트입니다.

재료 (지름 5.5cm 타르트 5~6개 분량)

✱ 브리제 반죽

버터…70g
쌀가루…150g
소금…3g
그래뉴러당…10g
달걀…1개

✱ 아몬드 크림

버터…50g
그래뉴러당…50g
달걀…35g
생크림…30g
아몬드 파우더…50g
쌀가루…7g

✱ 슈트로이젤

쌀가루…14g
아몬드 파우더…12g
그래뉴러당…12g
버터…12g
시나몬…적당량

✱ 마무리

그리오틴(키르슈에 담근 체리) 혹은 체리
20~24개
분당…적당량

준비

• 브리제 반죽의 버터는 사방 1cm 크기의 정육
  면체로 자른다.
• 브리제 반죽의 재료(버터는 자른 것)는 전부
  냉장고에서 식혀둔다.
• 아몬드 크림의 재료는 실온에 둔다.
• 오븐은 200℃로 예열한다.

만드는 법

1 브리제 반죽을 만들어(p.38) 2mm 두
  께로 둥글게 펴주고 지름 10cm의 원
  형으로 자른다.

2 브리제 반죽을 틀에 깔아주고(p.39),
  포크 등으로 찔러 구멍(피케)을 낸
  다. 반죽에 오븐시트를 깔고 누름돌
  을 얹어서 오븐에서 10분 정도 굽
  는다. 누름돌과 오븐시트를 빼내고
  5분 정도 더 굽는다.

3 아몬드 크림을 만든다. 믹싱볼에 버
  터를 넣고 그래뉴러당과 달걀을 각
  각 2~3회에 나누어 넣고, 그때마다
  나무주걱으로 섞는다. 남은 재료도
  위에서부터 순서대로 더하고 그때
  마다 섞는다.

4 슈트로이젤을 만든다. 믹싱볼에 모
  든 재료를 넣고 손으로 문질러 섞으
  면서 소보로 상태로 만든다.

5 2번에서 구운 타르트에 3번 아몬드
  크림을 채우고 물기를 뺀 그리오틴
  을 4개씩 얹은 후 4번의 슈트로이
  젤을 뿌려준다. 오븐에서 18~20분
  정도 굽는다. 식으면 틀에서 빼내고
  분당을 체 쳐 뿌려준다.

✱ 재료 메모

[그리오틴]
키르슈에 담근 체리를 말한다. 구할 수
없을 때는 그냥 체리를 사용한다.

Tarte aux pêches
복숭아 타르트

간식으로 꾸준히 인기 있는 복숭아 타르트에요. 설탕을 넣은 달콤한 타르트
반죽인 쉬크레 반죽에 커스터드 크림과 황도를 듬뿍 올렸어요.

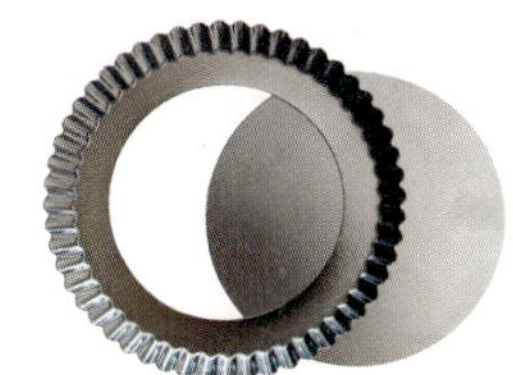

재료 (지름 18㎝의 타르트 1개 분량)

❋ 쉬크레 반죽

버터…50g
분당…40g
달걀…28g
소금…약간
A | 쌀가루…100g
  | 아몬드 파우더…10g

❋ 커스터드 크림

달걀노른자…1개 분량
그래뉼러당…30g
우유…120g
쌀가루…15g
키르슈…약간

❋ 가르니튀르

황도(통조림)…반으로 자른 것 5개 분량
아몬드 슬라이스…적당량

준비

• 버터와 달걀은 실온에 둔다.
• 아몬드 슬라이스는 230℃ 오븐에서 3분 정
  도 굽는다.
• 오븐은 200℃로 예열한다.

만드는 법

1 쉬크레 반죽을 만들어(p.98) 2mm 두
  께로 펼쳐 틀에 깔아준다(p.98). 냉
  장고에서 30분 이상 휴지시킨다.

2 포크 등으로 찔러 구멍(피케)을 낸
  다. 반죽에 오븐시트를 깔고 누름돌
  을 얹어서 오븐에서 10분 정도 굽는
  다(중간중간 누름돌의 위치를 바꿔
  준다). 누름돌과 오븐시트를 빼내고
  5분 정도 더 굽는다.

3 커스터드 크림을 만든다(p.33, 단 바
  닐라 에센스는 넣지 않는다). 식으면
  키르슈를 더해 섞는다.

4 황도는 얇게 자른다.

5 완성한다. 베이크 블라인드 처리한
  2번 쉬크레 반죽에 3번 커스터드 크
  림을 채운다. 고무주걱으로 표면을
  평평하게 하고 4번 황도를 방사형
  으로 얹어준 후 오븐에서 18분 정도
  굽는다. 구운 아몬드 슬라이스를 뿌
  려준다.

＊반죽에 습기가 쉽게 차기 때문에 가능한 한
  빨리 드세요.

Tarte à l'ananas `Yukiko 오리지널`

파인애플 타르트

파인애플을 사용한 트로피컬 타르트로 파인애플에 아파레유를 얹어 구워냈어요.
가벼운 식감이 즐거운 타르트랍니다.

재료 (길이 20cm, 폭 7cm의 타르트 1개 분량)

＊ 쉬크레 반죽

버터…50g
분당…40g
달걀…28g
소금…약간

A ｜ 쌀가루…100g
　｜ 아몬드 파우더…10g

＊ 아파레유

달걀흰자…50g
그래뉼러당…15g

B ｜ 분당…17g
　｜ 아몬드 파우더…17g
　｜ 쌀가루…7g

코코넛 롱…5g
파인애플…70g

＊ 장식

코코넛 롱…5g
분당…적당량

준비

• 버터와 달걀은 실온에 둔다.
• A, B는 각각 합쳐서 체 친다.
• 오븐은 200℃로 예열한다.
• 파인애플은 사방 8mm의 정육면체로 자른다.

만드는 법

1 쉬크레 반죽을 만들어(p.98) 2mm 두께로 펼쳐 틀에 깔아(p.99) 냉장고에서 30분 이상 휴지시킨다.
＊틀의 모양이 달라도 반죽을 까는 방법은 같아요.

2 포크 등으로 찔러 구멍(피케)을 낸다. 반죽에 오븐시트를 깔고 누름돌을 얹어서 오븐에서 10분 정도 굽는다(중간중간 누름돌의 위치를 바꿔준다). 누름돌과 오븐시트를 빼낸다.

3 아파레유를 만든다. 믹싱볼에 달걀흰자를 넣고 퍼 올렸을 때 걸쭉하게 흘러내리고, 흘러내린 자국이 바로 없어지는 정도까지 핸드믹서로 거품을 낸다. 그래뉼러당을 3회에 걸쳐 더하고 그때마다 거품을 내어 뿔이 제대로 선 머랭을 만든다.

4 3번에 B를 넣고 고무주걱으로 잘 섞은 다음 코코넛 롱을 섞는다.

5 완성한다. 베이크 블라인드 처리한 2번 쉬크레 반죽에 파인애플을 얹고 3번 아파레유를 넣은 다음 중앙이 볼록 올라오도록 팔레트 나이프로 평평하게 만든다. 표면에 코코넛 롱을 뿌린다. 분당을 체 쳐주고 2분 후에 180℃ 오븐에서 20분 정도 굽는다.

쉬크레 반죽

재료 (지름 18㎝, 무게 약 200g의 타르트 1개 분량)

버터…50g
분당…40g
달걀…28g
소금…약간
A | 쌀가루…100g
  | 아몬드 파우더…10g

준비

- 버터와 달걀은 실온에 둔다.
- A는 합쳐서 체 친다.
- 달걀은 깨어 잘 푼다.

쉬크레 반죽 만들기

❶ 믹싱볼에 버터를 넣고 나무주걱으로 크림 상
   태가 될 때까지 섞는다. 분당을 2~3회에 걸
   쳐 넣어주고 섞는다.

❷ 풀어둔 달걀을 조금씩 더하고 그때마다 잘
   섞는다. 소금으로 간을 한다.

❸ A를 넣어 고무주걱으로 잘 섞고 손으로 꾹꾹
   누르듯이 반죽을 뭉쳐준다. 한 덩어리가 되
   면 둥글게 정리한 후 랩 등으로 싸서 평평하
   게 펼친다.

   * 식힌 다음에 펼쳐주면 부서지기 쉬우므로 만들고
     바로 펼쳐준다.

쉬크레 반죽을 타르트 틀에 깔기

❹ 반죽을 작업대에 올려놓고 랩을 씌운다. 반죽을 틀보다 크게 만들고 2㎜ 두께로 밀대로 펴준다. 틀에 깔 수 있는 굳기가 될 때까지 냉장고에서 30분~1시간 정도 휴지시킨다.

❺ 반죽을 랩 채로 틀에 잘 맞게 씌운다.

❻ 랩을 벗기고 틀에 느슨하게 깔아 넣는다. 옆면의 반죽을 안쪽으로 접어주며 바닥의 각을 만들고 살짝 공간을 두며 반죽을 옆면에 붙인다.

❼ 밀대를 굴려 여분의 반죽을 잘라낸다.

❽ 옆면의 반죽을 바닥에서 위쪽으로 향하게 밀어주면서 틀에 밀착한다. 이때 반죽을 틀의 가장자리보다 2㎜ 정도 위로 나오는 느낌으로 깔면 구워진 후에 반죽이 약간 줄어들더라도 예쁘게 완성된다. 또, 반죽을 안정시켜주려면 냉장고에서 30분 이상 휴지시키는 것이 좋다.

✻ **베이크 블라인드 후, 반죽에 금이 갔다면…**

쌀가루 반죽은 금이 가기 쉬워요. 하지만 금이 간 부분에 남은 반죽을 붙이면 간단하게 보수되니 괜찮아요. 그러니 보수용으로 쓸 반죽을 조금 남겨둡시다. 베이크 블라인드 후에 아파레유를 넣고 굽지 않았다면 보수 후에 베이크 블라인드 했을 때와 같은 온도로 3~4분 정도 더 구워요.

Moëlleux au chocolat

무왈르 오 쇼콜라

생 초콜릿 같은 식감을 즐길 수 있는 구운 과자로
따뜻한 채로 먹어도 맛있고 식혀서 먹어도 맛있어요.

재료 (지름 7cm의 푸딩 4개 분량)

초콜릿…80g
버터…65g
그래뉼러당…55g
달걀…2개
쌀가루…10g

만드는 법

1 믹싱볼에 초콜릿과 버터를 넣고 중
   탕해서 녹인다.
2 그래뉼러당, 달걀, 쌀가루를 더해서
   그때마다 거품기로 섞어준다.
3 틀의 90%까지 채워 넣고 오븐에서
   20분 정도 굽는다. 식으면 틀에서
   꺼내 분당을 체 쳐 뿌려준다.

준비

• 버터는 녹이기 편한 크기로 자르고 초콜릿은
  잘게 썬다.
• 달걀은 풀어 섞는다.
• 틀에 버터(분량 외)를 얇게 바른다.
• 오븐은 200℃로 예열한다.

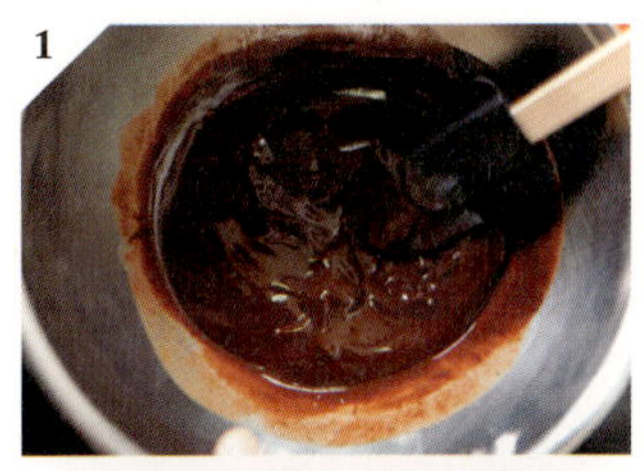

◆ Point

초콜릿은 쿠베르튀르 외에 판 초콜릿으로도 만들 수 있습니다만, 초콜릿의
맛이 바로 전해지기 때문에 카카오 함유량이 높은 쿠베르튀르로 만들면
보다 어른스러운 맛의 과자가 되지요.

Génoise à la confiture
제누아즈 아 라 콩피튀르

일본에서 흔히 말하는 스펀지 반죽을 '제누아즈'라고 하는데,
쌀가루로 만들면 보슬보슬 가볍고 촉촉하게 구워집니다.

재료 (지름 15㎝의 스펀지 1개 분량)

*** 제누아즈 반죽**

달걀…2개
그래뉼러당…60g
쌀가루…55g
버터…10g

*** 장식 등**

마멀레이드 등 좋아하는 잼…적당량
분당…적당량
잘게 썬 오렌지 껍질…적당량

준비

• 틀의 바닥과 옆면 곳곳에 버터(분량 외)를 발
  라 오븐시트를 붙인다.
• 오븐은 180℃로 예열한다.

만드는 법

1 작은 냄비에 버터를 넣고 불에 올려
   녹인다.
2 믹싱볼에 달걀을 넣어 거품기로 풀
   어주고 그래뉼러당을 더해 잘 섞
   는다.
3 2번을 중탕하여 핸드믹서 고속으로
   섞는다. 사람 체온보다 약간 따뜻한
   상태(뜨겁다 느낄 정도)가 되면 불
   에서 내리고 하얗고 폭신해질 때까
   지 핸드믹서 중속으로 거품을 낸다.
   퍼 올렸을 때 리본 모양을 그려서
   다 그릴 때쯤 시작점 부분이 사라지
   는 정도가 되면 OK.
4 쌀가루를 체 치면서 넣고 고무주걱
   으로 잘 섞는다. 40℃ 정도로 식힌
   1번을 고무주걱으로 저으면서 넣어
   주고 골고루 섞는다.
5 틀에 흘려 넣고 작업대에 틀을 탁
   탁 쳐서 공기를 뺀다. 오븐에서 25
   분 정도 굽는다. 식으면 틀에서 빼
   내 뒤집어서 오븐시트를 벗기고 식
   힌다.
6 반죽을 절반 두께로 자르고 밑의 반
   죽에 잼을 발라 다른 반죽을 덮어준
   다. 분당을 체 쳐 뿌려주고 오렌지
   껍질을 장식한다.

◈ Point

제누아즈 반죽의 포인트는 거품을 조절하는
것이므로 리본 모양을 그릴 수 있는 정도까
지 거품을 냅니다. 중탕으로 따뜻하게 하면
거품이 잘 나긴 하지만 너무 따뜻한 것도 금
물이에요. 사람 체온 정도가 되면 중탕을 멈
춥니다.

Gâteau classique au chocolat
갸토 클래식 오 쇼콜라

프랑스인에게 사랑받는 일상적인 간식인 초콜릿 케이크입니다.
쌀가루를 사용해서 좀 더 가벼운 식감으로 완성했어요.

재료 (지름 15cm 1개 분량)

버터…50g
초콜릿…70g
코코아 파우더(무당)…30g
생크림…60g
달걀노른자…50g
그래뉼러당…50g
쌀가루…20g
┌ 달걀흰자…75g
└ 그래뉼러당…50g

준비

- 생크림과 달걀은 실온에 둔다.
- 버터는 녹이기 편한 크기로 자르고 초콜릿은
  잘게 썬다.
- 틀의 바닥과 옆면 곳곳에 버터를 발라 오븐
  시트를 붙인다(옆면의 오븐시트는 틀보다 2cm
  정도 높게 한다).
- 오븐은 170℃로 예열한다.

만드는 법

1 믹싱볼에 버터와 초콜릿을 넣고 중
  탕으로 녹인다. 불에서 내려 코코아
  파우더를 넣고 생크림도 넣어 고무
  주걱으로 섞는다.

2 다른 믹싱볼에 달걀노른자를 풀어
  섞고 그래뉼러당 50g을 넣어 거품기
  로 잘 섞어준다. 1번을 더해 섞는다.

3 쌀가루를 넣고 고무주걱으로 잘 섞
  어준다.

4 다른 믹싱볼에 달걀흰자를 넣고 퍼
  올렸을 때 걸쭉하게 흘러내리고, 흘
  러내린 자국이 바로 없어지는 정도
  까지 핸드믹서로 거품을 낸다. 남은
  그래뉼러당 50g을 3~4회에 나누어
  넣고 그때마다 거품기로 머랭을 만
  든다.

5 3번에 4번 머랭을 더하고 고무주걱
  을 바깥쪽에서 안쪽으로 떠올리며
  머랭 거품이 꺼지지 않도록 섞는다.

6 5번 반죽을 틀에 흘려 넣고 오븐에
  서 40분 정도 굽는다. 식으면 틀에
  서 빼내 분당을 체 쳐 뿌려준다.

◈ Point

초콜릿은 쿠베르튀르 혹은 판 초콜릿 등 상
관없이 쓸 수 있어요. 하지만 카카오 함유량
이 높은 쿠베르튀르 초콜릿으로 만들면 훨씬
더 농후한 맛이 됩니다.

쿠베르튀르 초콜릿을 녹일 때는 그 품질을
유지하기 위해 온도를 50℃ 이상으로 올리는
것은 금물이에요. 이를 위해 초콜릿은 녹이
기 편한 크기로 동일하게 잘라줍니다. 불을
꺼도 한동안 열이 남아있기 때문에 초콜릿이
전부 녹기 전에 미리 불을 꺼도 괜찮아요.

호두와 초콜릿 파운드 케이크

두 종류의 반죽을 사용한 파운드 케이크입니다.
짤주머니를 사용하면 간단하게 마블 모양을 만들 수 있어요!

재료 (18cm×6cm×8cm의 파운드 1개 분량)

버터…120g

그래뉼러당…110g

달걀…2개

A | 쌀가루…80g
　| 콩가루…20g
　| 　*없으면 쌀가루 양을 늘린다.
　| 베이킹파우더…3g
　| 소금…약간

호두…70g

바닐라 에센스…적당량

코코아 파우더(무당)…8g

우유…15g

준비

- 버터와 달걀은 실온에 두고 달걀은 푼다.
- A는 합쳐서 체 치고 호두는 대충 자른다.
- 틀에 오븐시트를 깔아준다.
- 코코아 파우더는 우유에 풀어준다.
- 오븐은 230℃로 예열한다.

만드는 법

1　믹싱볼에 버터를 넣어 나무주걱으로 개고 그래뉼러당을 2~3회 나누어 넣어 섞는다.

2　달걀을 10회로 나누어 넣을 때마다 잘 섞어준다.

3　A를 2회에 걸쳐 더할 때마다 고무주걱으로 잘 섞는다.

4　3번을 4대 1 정도의 비율로 나누어 많은 쪽에 호두와 바닐라 에센스를 넣어 섞고 나머지에 코코아를 더해서 섞는다.

5　틀에 호두가 들어간 반죽을 반 정도 넣는다. 지름 1.5cm의 원형 깍지를 끼운 짤주머니에 코코아 반죽을 넣고 두 줄로 짠다. 호두가 들어간 반죽 남은 것을 넣고 마찬가지로 남은 코코아 반죽을 짜주고 고무주걱 등으로 중앙을 움푹 파이게 만든다. 오븐에서 10분 정도 굽다 180℃로 온도를 낮춰서 30분 정도 더 굽는다.

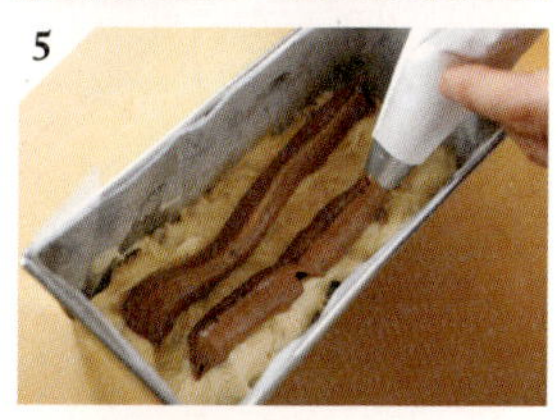

디저트 과자

Desserts

디저트 과자

프랑스 요리에는 설탕을 사용하지 않기에 식후 디저트 타임을 빼놓을 수 없어요.
식사 후 디저트로 어울리는 과자를 소개할게요.

Tarte Tatin

타르트 타탕 » p.112

Cake à l'orange

오렌지 케이크 » p.114

Soufflé aux citron

레몬 수플레 » p.116

Crème catalane

크렘 카탈랑 » p.118

Tarte aux citron

레몬 타르트 » p.120

Bacchus

바커스 » p.122

Tiramisu au riz

쌀로 만든 티라미수 » p.124

◈ 프랑스 디저트

'디저트'라는 말은 프랑스어 'desservir(식탁을 정리하다)'라는 동사에서 유래했습니다. 즉 식사가 끝난 테이블 위를 정리한 다음에 먹는 음식이라는 의미이지요. 프랑스에서 디저트가 본격적으로 발달한 건 19세기부터입니다. 18세기 프랑스 혁명 이후에 부르주아나 인텔리, 정치가들이 거리로 몰려나가 카페 등에서 셔벗이나 아이스크림을 먹으면서 발전하게 되었지요. 디저트는 식후에 먹는 달콤한 과자가 대부분인데, 프랑스에서는 요리에 설탕을 쓰지 않기 때문에 사람들이 식후에 달콤한 것을 먹고 싶어 하는 경향이 있어요. 그래서 디저트가 일상생활에 빠질 수 없는 존재가 되었답니다. 지금은 디저트를 먹기 전에 먹는 디저트인 '아방 데세르'avant dessert(본격적인 디저트 전에 먹는 입가심용 디저트)라는 것도 있어요. 그 정도로 프랑스에서는 디저트도 식사에서 중요한 위치를 차지하고 있음을 잘 알 수 있지요.

◈ 디저트로 먹고 싶은 과자

디저트와 다른 과자의 차이는 운반이 가능한지 아닌지, 포크나 나이프를 사용하는지 아닌지 정도로 구분할 수 있답니다. 식후에 먹는 과자로는 비교적 부담없는 것을 선호하기 때문에 과일을 사용한 디저트를 많이 볼 수 있습니다. 사과나 레몬을 사용해서 만든 타르트 타탕(p.112)이나 레몬 수플레(p.116), 레몬 타르트(p.120) 등이 대표적이지요. 비스트로 디저트의 정석인 크렘 브륄레도 빼놓을 수 없습니다. 크렘 브륄레의 원래 형태가 이 책에서 소개하는 크렘 카탈랑(p.118)이라고 전해집니다. 이탈리아의 디저트이지만 프랑스에서도 인기가 많은 티라미수(p.124)가 있지요. 또한 레스토랑 디저트의 정석이라 할 수 있는 초콜릿을 사용한 디저트도 있는데, 가벼움과는 반대로 중후함을 연출하며 식사의 마지막을 장식하기에 잘 어울린답니다.

Tarte Tatin
타르트 타탕

사과의 맛을 마음껏 즐길 수 있는 타르트 타탕은 일품입니다!
반죽 까는 걸 잊어버려 사과만 넣다 뒤늦게 그 위에 반죽을 덮어서 탄생하게 된 타르트랍니다.

재료 (지름 18㎝ 1개 분량)

*** 브리제 반죽**
버터…50g
쌀가루…100g
소금…약간
그래뉼러당…7g
달걀…28~30g

*** 가르니튀르**
그래뉼러당…80~100g
* 사과의 당도에 따라 조절한다.
물…30g
버터…20g
사과…작은 것 7개 혹은 큰 것 5개(약 1.5㎏)

준비

- 브리제 반죽의 버터는 사방 1㎝ 크기의 정육 면체로 자른다.
- 브리제 반죽의 재료(버터는 잘라둔 것)는 전 부 냉장고에서 식혀둔다.
- 사과는 껍질을 벗겨 세로로 4등분(사과가 크 다면 8등분) 한다.
- 오븐은 200℃로 예열한다.
- 마무리하기 전에 인두(요리용 토치)를 10분 이상 가열해 둔다.

만드는 법

1 브리제 반죽을 만든다(p.38). 반죽 을 작업대에 올려놓고 랩을 씌워 밀 대로 2㎜ 두께로 둥글게 펴서 지름 18㎝의 원형으로 자르고 포크 등으 로 찔러 구멍(피케)을 낸다(p.37의 만드는 법 1번). 오븐에서 18~20분 정도 굽는다.

2 캐러멜을 만든다. 지름 18㎝의 오븐 용 프라이팬에 그래뉼러당을 절반 넣고 분량의 물을 더해 강불에 올려 캐러멜색이 되면 불을 끈다.

3 약간 식힌 다음 버터를 뿌려주고 사 과를 빈틈없이 채워 넣는다. 도중에 남은 그래뉼러당을 뿌려주면서 사 과를 쌓아 올린다.

4 3번을 프라이팬째로 오븐에 넣고 30분 정도 구운 후 꺼내 프라이팬 을 덮듯 오븐시트를 씌우고 시트의 끝을 프라이팬에 맞게 끼워 넣는다. 오븐에서 30분 정도 더 굽는다.
* 사과가 단단하면 굽는 시간을 늘린다.

5 오븐에서 꺼내 프라이팬을 불에 올 려 사과즙을 바짝 조린다.

6 완성한다. 식혀둔 1번 반죽을 덮고 뒤집어 그릇에 담는다. 취향대로 그 래뉼러당(분량 외)을 뿌리고 달군 인두(요리용 토치)를 대어 캐러멜색 으로 태운다.
* 인두(요리용 토치)에 묻은 그래뉼러당은 불 에 찍어 탄화시키면 자연스럽게 떨어진다.

Cake à l'orange
오렌지 케이크

풍부한 산미와 과즙이 인상적인,
식후에 산뜻함을 선물하는 디저트입니다.

재료 (지름 18㎝ 시폰 케이크 1개 분량)

＊ 반죽

달걀흰자…2개 분량
그래뉼러당…60g
달걀노른자…2개 분량
A 쌀가루…55g
　　베이킹파우더…2g
오렌지 껍질(잘게 갈은 것)…1개 분량
버터…30g

＊ 오렌지 콩피

오렌지…1개
그래뉼러당…80g
물…80g

＊ 오렌지 시럽

오렌지 콩피 끓인 것…30g
오렌지 과즙…40g

＊ 마무리

오렌지 마멀레이드…적당량

준비

· A는 합쳐서 체 친다.
· 틀에 버터(분량 외)를 바르고 쌀가루(분량 외)를 체 쳐 묻힌 후 여분의 가루를 털어낸다.
· 오븐은 180℃로 예열한다.

만드는 법

1 오렌지 콩피를 만든다. 오렌지는 가로로 얇고 둥글게 자르고 냄비에 넣어 그래뉼러당과 분량의 물을 더해 불에 올린다. 맛이 골고루 스며들게 하기 위해 오븐시트 등을 냄비 크기에 맞게 잘라 재료 위에 얹어준다. 오렌지 껍질의 하얀 부분이 없어질 때까지 약불에서 조린 후 식으면 오렌지를 꺼낸다.

2 반죽을 만든다. 작은 냄비에 버터를 넣고 불에 올려 녹인다.

3 믹싱볼에 달걀흰자를 넣고 퍼 올렸을 때 걸쭉하게 흘러내리고, 흘러내린 자국이 바로 없어지는 정도까지 핸드믹서로 거품을 낸다. 그래뉼러당을 3회에 걸쳐 넣고 그때마다 거품을 내어 뿔이 제대로 선 머랭을 만든다.

4 달걀노른자를 넣고 섞다 A를 체 쳐 더해 섞고 오렌지 껍질도 넣어 섞는다.

5 40℃ 정도로 식힌 1번을 부어주고 섞는다. 틀에 흘려 넣고 오븐에서 25분 정도 굽는다.

6 재료를 섞어 오렌지 시럽을 만든다.

7 완성한다. 식은 반죽을 반으로 잘라 아래 반죽에 6번 시럽의 반을 솔로 듬뿍 흡수시킨 후 마멀레이드를 바른다. 다른 1장의 반죽을 덮고 남은 시럽을 솔로 바른다. 1번의 오렌지 콩피로 장식한다.

입에 넣는 순간 사르르 녹는 수플레입니다.
만든 직후의 따끈따끈함을 느껴보세요!

재료 (지름 8cm, 높이 4.5cm의 수플레 8개 분량)

쌀가루…60g
그래뉼러당…80g
우유…253g
레몬즙…80g
레몬껍질(잘게 갈은 것)…1개 분량
달걀노른자…4개 분량
달걀흰자…4개 분량
버터…27g

만드는 법

1 믹싱볼에 쌀가루와 그래뉼러당 40g
을 섞는다. 냄비에 우유, 레몬즙, 레
몬 껍질을 넣고 끓인다. 체로 걸어
냄비에 따라 잘 섞는다.

2 걸쭉해질 때까지 끓이다 불을 끄고
달걀노른자와 버터를 넣어 섞는다.

3 다른 믹싱볼에 달걀흰자를 넣고 퍼
올렸을 때 걸쭉하게 흘러내리고, 흘
러내린 자국이 바로 없어지는 정도
까지 핸드믹서로 거품을 낸다. 남은
그래뉼러당을 3회로 나누어 더하고
그때마다 거품을 내어 뿔이 제대로
선 머랭을 만든다. 2번에 넣어 잘
섞는다.

4 반죽을 틀에 가득 채워 표면을 팔레
트 나이프로 평평하게 펴준다. 손가
락으로 틀 가장자리를 따라 패인 곳
을 만든다. 오븐에서 25분 정도 굽
는다. 취향에 따라 분당(분량 외)을
체 쳐 뿌린다.

준비

• 버터는 주사위 모양으로 자른다.
• 틀에 버터(분량 외)를 바르고 그래뉼러당(분
량 외)을 묻혀 여분의 그래뉼러당을 털어준
후 냉장고에서 식힌다.
• 오븐은 180℃로 예열한다.

크렘 카탈랑

크렘 브륄레의 원래 형태지만 만드는 법이 더 심플해요.
스페인에 가까운 카탈루냐 지방의 디저트입니다.

재료 (지름 10㎝의 그라탱 6개 분량)

달걀…2개
달걀노른자…1개 분량
그래뉼러당…40g
쌀가루…10g
우유…140g
생크림…140g
세로로 가른 바닐라 빈…⅓개

만드는 법

1 믹싱볼에 달걀, 달걀노른자, 그래뉼
  러당을 넣어 거품기로 잘 섞다 쌀가
  루를 체 쳐 넣어 섞는다.

2 냄비에 우유와 생크림, 바닐라 빈의
  껍질과 씨를 넣고 끓인다.

3 2번을 1번에 부어 섞고 체에 거르면
  서 냄비에 다시 넣고 불에 얹어 약
  간 걸쭉하게 만든다. 그라탱 접시에
  평평하게 넣고 식으면 냉장고에 넣
  어 1시간 이상 굳힌다.

4 그래뉼러당(분량 외)을 체치고 달군
  인두(요리용 토치)를 대어 캐러멜색
  으로 태운다.

준비

• 그라탱 접시에 버터(분량 외)를 얇게 발라 냉
  장고에서 식혀둔다.

• 마무리하기 전에 인두(요리용 토치)를 10분
  이상 가열해 둔다.

* 인두(요리용 토치)에 묻은 그래뉼러당은 불에
  쬐어 탄화시키면 자연스럽게 떨어진다.

Tarte aux citron
레몬 타르트

달콤한 타르트 반죽인 쉬크레 반죽으로 새콤달콤한 레몬 향기가 나는
아파레유를 구워보았습니다. 레몬의 상큼함이 입안 가득히 퍼져요.

재료 (지름 18cm의 타르트 1개 분량)

❋ 쉬크레 반죽
버터…50g
분당…40g
달걀…28g
소금…약간
A | 쌀가루…100g
  | 아몬드 파우더…10g

❋ 아파레유
달걀노른자…2개 분량
그래뉼러당…36g
레몬즙…50g
쌀가루…1큰술
버터…10g
레몬껍질(잘게 간 것)…1개 분량
┌ 달걀흰자…40g
└ 그래뉼러당…20g

❋ 장식
생크림…130g
분당…8g

준비
- A는 합쳐서 체 친다.
- 쉬크레 반죽의 버터와 달걀은 실온에 놔둔다.
- 오븐은 180℃로 예열한다.

만드는 법

1 쉬크레 반죽을 만들어(p.98) 2mm 두께로 펴 틀에 깔고(p.99) 냉장고에서 30분 이상 휴지한 후 포크 등으로 찔러 구멍(피케)을 낸다. 반죽에 오븐시트를 깔고 누름돌을 얹어 오븐에서 10분 정도 굽는다(중간중간 누름돌의 위치를 바꿔준다). 누름돌과 오븐시트를 빼내고 5분 정도 더 굽는다.

2 아파레유를 만든다. 믹싱볼에 달걀노른자를 넣고 거품기로 풀어준 후, 그래뉼러당, 레몬즙, 쌀가루, 버터, 레몬 껍질을 순서대로 넣어준다. 중탕해서 전체적으로 잘 섞으면서 찰기가 생길 때까지 거품을 낸다.

3 다른 믹싱볼에 달걀흰자를 넣고 퍼 올렸을 때 걸쭉하게 흘러내리고, 흘러내린 자국이 바로 없어지는 정도까지 핸드믹서로 거품을 낸다. 남은 그래뉼러당 20g을 2회에 걸쳐 넣고 그때마다 거품을 내어 뿔이 제대로 선 머랭을 만든다.

4 2번에 3번 머랭을 넣고 고무주걱을 바깥쪽에서 안쪽으로 퍼 올려서 머랭의 거품이 꺼지지 않도록 저어준다.

5 1번 쉬크레 반죽에 4번을 흘려 넣어 중앙이 높아지게 펴주고 오븐에서 20분 정도 굽는다.

6 믹싱볼에 생크림과 분당을 넣고 끝부분의 각이 바짝 설 정도로 거품을 내 별모양 깍지를 끼운 짤주머니에 넣어 식혀둔 5번에 짜준다.

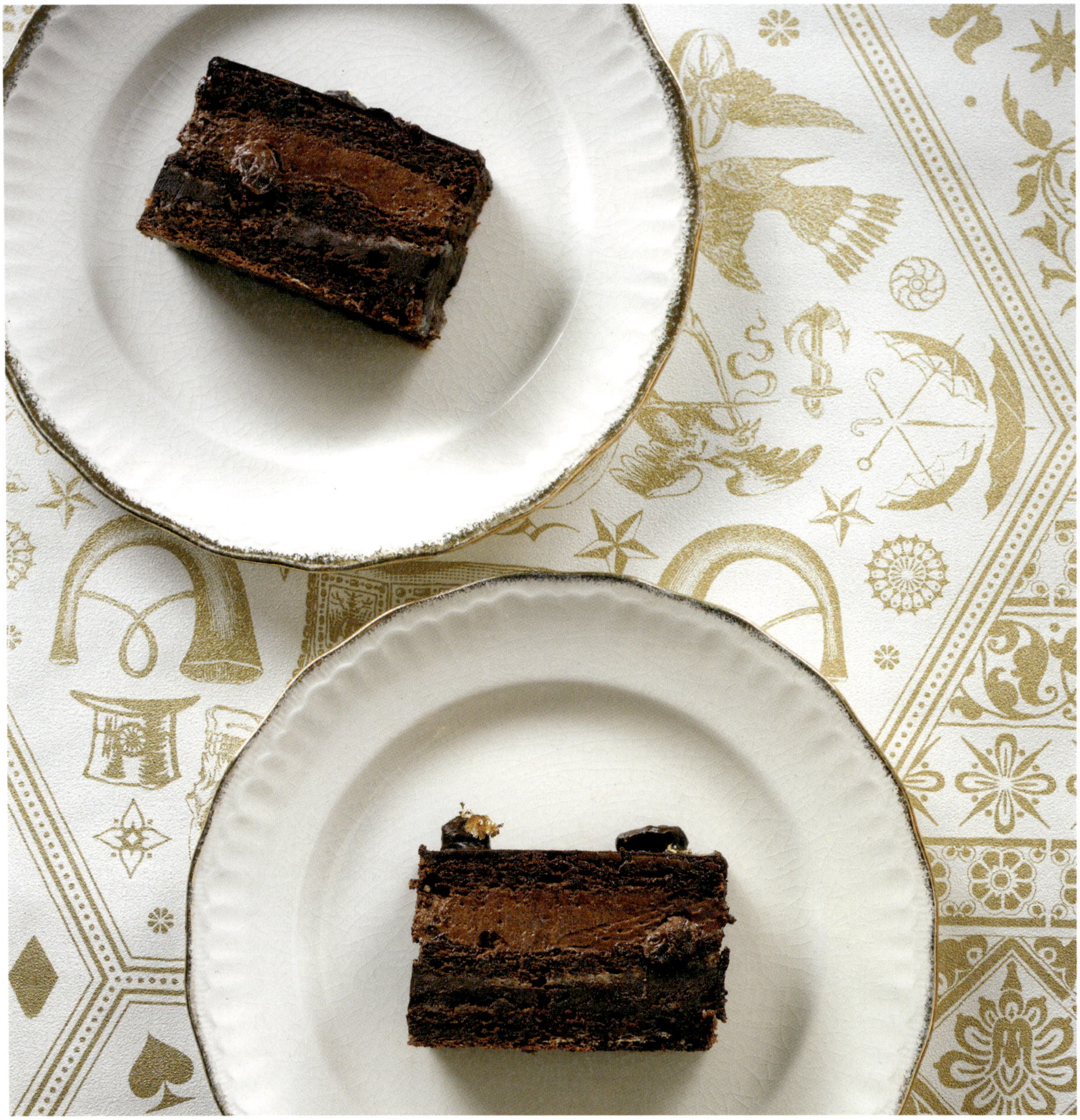

Bacchus

바커스

농후한 초콜릿에 럼주를 섞은 어른의 디저트입니다.
쿠베르튀르 초콜릿은 카카오 함유량 70% 정도인 것을 추천해요.

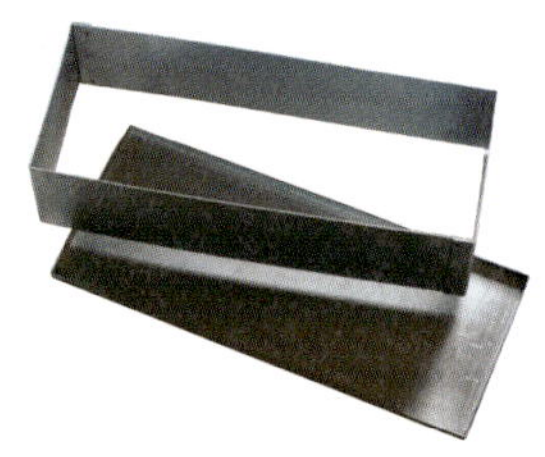

재료 (8cm×20cm×5cm의 직사각형 1개 분량)

❋ 비스퀴 쇼콜라

달걀흰자…200g

그래뉼러당…30g

A │ 아몬드 파우더…80g
  │ 쌀가루…20g
  │ 분당…100g
  │ 카카오 파우더…30g

❋ 가나슈 바커스

초콜릿…220g

생크림…120g

벌꿀…10g

럼주…20g

❋ 무스 쇼콜라

생크림…100g

초콜릿…50g

❋ 가르니튀르

럼주에 담근 건포도…적당량

준비

- A는 합쳐서 체 친다.
- 오븐은 200℃로 예열한다.
- 가나슈 바커스와 무스 쇼콜라를 만들 초콜릿
  은 각각 잘게 잘라 믹싱볼에 넣는다.

만드는 법

1 비스퀴 쇼콜라를 만든다. 믹싱볼에
  달걀흰자를 넣고 퍼 올렸을 때 걸쭉
  하게 흘러내리고, 흘러내린 자국이
  바로 없어지는 정도까지 핸드믹서로
  거품을 낸다. 그래뉼러당을 3회에
  걸쳐 넣어주고 그때마다 거품을 내
  어 뿔이 제대로 선 머랭을 만든다.

2 1번에 A를 체 쳐 넣고 꼼꼼히 섞는다.

3 오븐시트를 깐 오븐 팬에 2번 반죽
  을 붓고 팔레트 나이프로 8㎜ 두께
  로 펴준 후 오븐에서 15분 정도 굽
  는다.

4 가나슈 바커스를 만든다. 작은 냄비
  에 생크림과 벌꿀을 끓이고 초콜릿
  이 들어간 믹싱볼에 따르면서 녹인
  다. 남은 열이 식으면 럼주를 더해
  섞는다.

5 무스 쇼콜라를 만든다. 믹싱볼을 중
  탕하며 초콜릿을 녹인다.

6 믹싱볼에 생크림을 넣고 흐르지 않
  을 정도로 거품 내어 40℃로 식혀둔
  5번을 넣고 섞는다.

7 완성한다. 3번 반죽을 틀의 크기에
  맞춰 3장으로 자르고 첫 번째 반죽
  을 틀에 깔아준다. 물기를 뺀 건포
  도를 뿌려주고 4번 가나슈 바커스를
  ⅔정도 넣고 펴준 다음 건포도를 뿌
  린다.

8 두 번째 비스퀴를 겹치고 무스 쇼콜
  라를 흘려 넣는다. 그 위에 세 번째
  비스퀴를 겹치고 윗면에 남은 가나
  슈 바커스를 조금씩 펴가며 바른다.
  남은 가나슈 바커스에 건포도 10개
  를 묻힌 다음 윗면에 올려준다. 냉
  장고에서 2시간 이상 굳힌다.

Tiramisu au riz

쌀로 만든 티라미수

프랑스 사람들도 정말 좋아하는 이탈리아 디저트 티라미수에요.
프랑스 단골 디저트인 리 올 레(우유에 쌀을 넣고 끓인 것)를 크림에 넣었습니다.

재료 (길이 25㎝의 그라탱 접시 1개 분량)

＊ 비스퀴

달걀흰자…2개 분량
그래뉼러당…60g
달걀노른자…2개 분량
바닐라 에센스…적당량
쌀가루…60g

＊ 크림

쌀…80g
우유…800g
그래뉼러당…80g
소금…약간
바닐라 빈…⅓개
달걀노른자…2개 분량
마스카르포네…120g
┌ 달걀흰자…2개 분량
└ 그래뉼러당…10g

＊ 커피시럽

인스턴트 커피…6g
물…80g
그래뉼러당…70g
그랑 마르니에(브랜디가 들어간 프랑스산
오렌지 리큐어)…1큰술

＊ 장식

코코아 파우더(무당)…적당량
생크림…100g

준비

• 오븐은 180℃로 예열한다.

만드는 법

1 비스퀴를 만든다. 믹싱볼에 달걀흰자를 넣고 퍼 올렸을 때 흘러내린 자국이 금방 사라질 정도까지 핸드믹서로 거품을 낸다. 그래뉼러당을 3회에 나누어 넣을 때마다 거품을 내어 뿔이 제대로 선 머랭을 만든다.

2 달걀노른자와 바닐라 에센스를 더해 고무주걱으로 섞다 쌀가루를 체쳐서 넣고 고무주걱을 바깥쪽에서 안쪽으로 건져 올려 머랭의 거품이 꺼지지 않도록 주의하며 섞는다.

3 오븐시트를 깐 오븐 팬에 2번 반죽을 흘려 부어 팔레트 나이프를 사용해 1㎝ 정도의 두께로 고르게 펴고 분당을 체 쳐서 뿌린 후 오븐에서 13분 정도 굽는다.

4 크림을 만든다. 냄비에 쌀, 우유, 그래뉼러당 70g, 소금, 바닐라 빈을 넣고 냄비 바닥을 나무주걱으로 긁어내듯이 끊임없이 저어 수분이 ⅓ 정도가 될 때까지 약불에서 조린다.

5 조리 후 남은 열을 식히고 달걀노른자와 마스카르포네를 넣고 그때마다 섞어준다.

6 믹싱볼에 달걀흰자를 넣고 핸드믹서로 풀어준다. 남은 그래뉼러당 10g을 2회에 나누어 넣고 그때마다 거품을 내어 뿔이 제대로 선 머랭을 만든다. 5번에 넣고 고무주걱으로 잘 섞어준다.

7 커피시럽을 만든다. 작은 냄비에 그랑 마르니에 이외의 재료를 넣고 끓이고 식으면 그랑 마르니에를 더해 섞는다.

8 1번 비스퀴를 그라탱 접시바닥 크기로 2장 자르고 1장을 그라탱 접시에 깐다. 7번 커피시럽의 반 분량을 솔로 칠한다. 코코아 파우더를 전체에 뿌리고 5번 크림의 반 분량을 흘려 넣는다.

9 남은 비스퀴를 얹고 남은 커피시럽을 솔로 칠한다. 코코아 파우더를 전체에 뿌리고 5번 크림의 반 분량을 흘려 넣는다. 남은 5번 크림 절반을 흘려 넣어 냉장고에서 2시간 이상 굳힌다.

10 생크림은 끝부분의 뿔이 바짝 서게 거품 내어 9번의 윗면에 바르고 코코아 파우더를 전체에 뿌려준다.

이효진 지음 | 384쪽 | 16,800원

함께 나누기 좋은 식사 혹은 브런치

빵이 있는 따뜻한 식탁

**'또 하나의 양식인 따뜻한 빵'과 과일과 채소가 잘 어우러진
건강하고 예쁜 카페식 식사 혹은 브런치의 행복**

카카오스토리와 인스타그램에서 집에서도 카페에 온 것처럼 예쁘게 차려 먹을 수 있는 '빵이 있는 식탁, 홈 카페'를 자신만의 손쉬운 레시피로 선보이며 많은 인기를 얻고 있는 "셰므아의 쉬운 레시피" 중 41가지의 세트 메뉴와 200여 개가 넘는 베이킹 레시피를 엄선했습니다. 혼자, 혹은 사랑하는 사람들과 함께 집에서 우리 밀 통밀가루와 곡류, 식물성 오일, 다양한 채소 및 과일 등 순수하고 건강한 재료만을 사용하여 더 맛있게 빵을 즐기는 방법을 담았습니다. 평범하고 심심한 일상 속에서 예쁘게 차려 먹는 한 끼 식사가 얼마가 우리의 삶을 따뜻하게 위로하고 힘이 나게 해 주는지 경험하실 것입니다.

일본 샌드위치협회 지음 | 나슬아 옮김
96쪽 | 13,000원

예뻐서 즐겁고 함께 먹어 더 맛있는 북유럽풍 샌드위치 케이크

케이크위치(Cakewich)

**식빵으로 만들어 포크와 나이프로 우아하게 즐기는 북유럽풍 샌드위치
레시피로 일상이 파티가 되는 아름답고 특별한 만찬의 순간을 누려보세요!**

북유럽 가정에서는 생일이나 파티 등 특별한 날의 초대용 요리로 식빵을 쌓아 올려 케이크처럼 데커레이션 한 샌드위치인 '스머르고스토르타(smörgåstårta)'를 만드는데, 이러한 스머르고스토르타에 독자적인 각색을 더 해 새로운 초대용 샌드위치 레시피를 담았습니다! 예쁘게 장식한 모양으로 식탁을 화려하게 꾸며 특별한 느낌을 줄 수도 있고 평소에 먹던 샌드위치와는 또 다른 맛을 즐길 수 있는 점 등이 케이크위치의 매력이지요. 식사용이 될 수 있는 케이크위치와 디저트로 즐길 수 있는 케이크위치 등 만드는 사람의 취향과 개성에 따라 모양이나 크기 및 맛을 다양하게 응용할 수 있는 레시피들이 수록되어 있습니다. 특별한 모양과 맛으로 무장한 샌드위치의 신세계를 맛있게 즐겨보세요!